本书为以下 3 个课题的研究成果：
教育部基础教育课程教材发展中心“校本课程建设推进项目”第四批课题（XB20190206）
江苏省教育科学“十三五”规划 2020 年度课题（B-b/2020/02/02）
江苏省高校哲学社会科学研究 2018 年度重点课题（2018SJZDI114）

常州梨膏糖与小热昏

◎严怀虎 刘廷新 主编◎

苏州大学出版社
Soochow University Press

图书在版编目(CIP)数据

常州梨膏糖与小热昏/严怀虎,刘廷新主编. —苏州:苏州大学出版社,2021.12
ISBN 978-7-5672-3828-2

Ⅰ.①常… Ⅱ.①严… ②刘… Ⅲ.①说唱—民间艺术—介绍—常州②疗效食品—糖膏—民间工艺—介绍—常州 Ⅳ.①TS245.9②J826

中国版本图书馆 CIP 数据核字(2021)第 281180 号

书　　名:常州梨膏糖与小热昏

主　　编:严怀虎　刘廷新
责任编辑:王　亮
装帧设计:周娟萍

出版发行:苏州大学出版社(Soochow University Press)
社　　址:苏州市十梓街 1 号　**邮编**:215006
印　　刷:常州报业传媒印务有限公司
邮购热线:0512-67480030
销售热线:0512-67481020

开　　本:710 mm×1 000 mm　1/16　**印张**:8　**字数**:101 千
版　　次:2021 年 12 月第 1 版
印　　次:2021 年 12 月第 1 次印刷
书　　号:ISBN 978-7-5672-3828-2
定　　价:36.00 元

苏州大学出版社营销部　电话:0512-67481020
苏州大学出版社网址　http://www.sudapress.com
苏州大学出版社邮箱　sdcbs@suda.edu.cn

《常州梨膏糖与小热昏》编委会

序

即将进入白露,江南也将进入凉爽舒适的仲秋。仲秋即农历八月,在中国古代,仲秋与中秋通用。中秋节,大家都很熟悉,也很重视。中秋节是团圆的日子,也是大快朵颐的美食节,人们喝酒、吃螃蟹、吃月饼、吃各种水果。正是在这样的大好时节,我收到了常州市新北区飞龙中学严怀虎同志发给我的《常州梨膏糖与小热昏》书稿,并嘱我作序。我深感荣幸,也被这部书稿深深吸引住了。

我和严怀虎同志曾有过几年的同事情谊,他不仅是教育教学及管理上的能手,也是文笔很好的散文作家。我浏览了这部由张建东校长主持策划、严怀虎副校长和常州工学院刘廷新教授合著的书稿,感觉在一所中学开设这样的校本课程,是很有创意,也是很有开拓精神的。

习近平总书记说过:"中华优秀传统文化已经成为中华民族的基因,植根在中国人内心,潜移默化影响着中国人的思想方式和行为方式。"[①]"优秀传统文化是一个国家、一个民族传承和发展的根本,如果丢掉了,就割断了精神命脉。"[②]

一个国家、一个民族如此,一个地方,也是如此。

常州是一座拥有3 000多年历史的文化古城,常州文化源远流长,绵延至今。仅从常州小吃来看,著名的就有常州加蟹小笼包、常州大麻糕、酒酿元宵、虾饼、三鲜馄饨、常州银丝面、马蹄酥、蟹壳

① 引自2014年5月4日习近平在北京大学师生座谈会上的讲话。

② 引自2014年9月24日习近平在纪念孔子诞辰2565周年国际学术研讨会暨国际儒学联合会第五届会员大会开幕式上的讲话。

黄(小麻糕)、常州芝麻糖、豆斋饼、常州萝卜干等数十种。而常州梨膏糖,则是其中最有特点的一种。因为它不仅是一种食品,而且是一种药品。不仅是食品和药品,与之相配的,还有一种常州人民群众喜闻乐见的说唱艺术形式——小热昏。

据《常州府志》记载,宫廷古方梨膏糖于清咸丰四年(1854年)传入常州,后逐渐发展。清宣统年间,异常红火,盛极一时。叫卖梨膏糖,唱小热昏,成为当时常州城乡一道独特的文化风景。

《常州梨膏糖与小热昏》一书,对常州梨膏糖和小热昏的起源、发展、特色、保护与传承等都有详尽而精准的记载和描述。读完书稿,我感觉不仅对梨膏糖和小热昏有所了解,也能以小见大,从中感受常州地方文化的魅力。

也许有人要问,在一所初级中学开设这样的校本课程有什么意义呢?我认为,这些知识在各类考试中,也许作用不大,甚至是"无用"的,但在学生的生命成长中是极有意义的。少年儿童时期,是一个人身心生长最重要的阶段,也应是人生中最幸福快乐的时光。古罗马著名政治家、哲学家西塞罗说,教育的目的是让学生摆脱现实的奴役,而非适应现实。而当下的教育,似乎恰好相反。在学生课业负担的沉重压力下,在"双减"的大背景下,学校提供一些机会,让学生接触一些"无用"的课程,难道不是对教育本质的一种回归和致敬吗?

飞龙中学,是一所崭新的学校,但其母体是新北实验中学,所以其办学历史虽短,文化底蕴却很深厚。

祝愿飞龙中学开发出更多有利于学生健康成长的校本课程。

祝愿飞龙中学在德、智、体、美等各方面取得新的更优异的成绩。

祝愿飞龙中学"飞龙在天",再创辉煌。

卞优文

2021年9月

前言

梨膏糖于清朝末年传入常州，距今已有百余年历史。常州梨膏糖以冰糖、梨汁为主要原料，配以甘草、川贝、桔梗等20余味天然中草药，通过选材、漂洗、榨汁、过滤、武火熬制、文火熬膏、打冷板、浇模、切块等程序精制而成，是一种能止咳清肺的保健食品。常州梨膏糖曾是老一辈常州人难以割舍的记忆，至今仍有不少食客和粉丝。2008年，“常州梨膏糖制作技艺”入选常州市第二批非物质文化遗产名录。2009年，“常州梨膏糖制作技艺”入选江苏省第二批非物质文化遗产名录。

小热昏是伴随售卖梨膏糖而生的马路说唱艺术，起源于清光绪年间的苏州，后传入苏南其他城市以及上海和浙北广大地区。小热昏用方言说唱，反映现实生活，表演滑稽有趣，深得百姓喜爱。常州小热昏是小热昏艺术的代表性流派，20世纪二三十年代曾兴盛一时。当时常州的梨膏糖很有市场，常常可见售卖梨膏糖的艺人说唱小热昏，后来梨膏糖的市场逐渐萎缩。20世纪70年代以后，小热昏艺术已难得一见，濒临消失。21世纪初兴起“非遗热”以后，常州市十分重视“非遗”的挖掘、整理与保护，积极申报各级“非遗”保护项目。2008年9月，常州小热昏入选常州市第二批非物质文化遗产名录；2009年6月，常州小热昏入选江苏省第二批非物质文化遗产名录；2011年5月，常州小热昏成功入选第三批国家级非物质文化遗产扩展项目名录，成为国家级“非遗”。2018年5月，常州小热昏传承人叶莉莉入选第五批国家级非物质文化遗产代表性项目代表性传承人。

新北区飞龙中学是常州市新北区的新建初级中学，2014年9月建成使用，最初是新北区实验中学集团的一个学区，2017年12月独立办学，定名为常州市新北区飞龙中学。学校在建校之初就确立了“内外兼修，推贤乐善”的办学理念，“培养学生家国情怀，塑造学生‘齐贤’品质”是学校的主要办学目标。

常州市是中国历史文化名城，自古以来经济发达，商贸繁盛，文化艺术多姿多彩，留存至今的非物质文化遗产弥足珍贵，可挖掘、利用的文化资源丰富多样。为了积极响应《关于实施中华优秀传统文化传承发展工程的意见》，将“保护传承文化遗产贯穿国民教育始终”，担负起传承发展中华优秀传统文化的使命，同时为了凸显办学特色，实施地方校本课程，落实教育部“全面深化课程改革，落实立德树人根本任务”的要求，学校经过系列考察和论证，确定将“常州小热昏”和“常州梨膏糖制作技艺”两项非物质文化遗产引入校园，探索和实践引入地方“非遗”资源办特色教育之路。

在常州市非物质文化遗产保护中心和新北区教育部门领导的支持与指导下，学校与“常州小热昏”国家级传承人、“常州梨膏糖制作技艺”省级传承人叶莉莉女士积极合作并达成协议，于2019年4月22日在飞龙中学举行了两项“非遗”传习基地的授牌仪式，并签订了协议书。按照学校制定的发展规划，飞龙中学将以校本课程建设来推进学校文化建设，丰富教育内涵，提升办学品位；让学生浸润和传承传统曲艺，提高学生的核心素养；让学生在实践中传承地方特色文化，培养“常州小热昏”和“常州梨膏糖制作技艺”的传承人。在此基础上，飞龙中学积极申报了2019年度教育部基础教育课程教材发展中心“校本课程建设推进项目”并获得立项。为了实现上述目标，完成研究任务，学校从多个方面着手实施和实践。其中两项关键任务便是开设“常州梨膏糖与小热昏”校本课程和兴趣班，编写、出版《常州梨膏糖与小热昏》专著。《常州梨膏糖与小热昏》一书将作为校本课程和兴趣班的教材使用。

《常州梨膏糖与小热昏》一书由飞龙中学严怀虎副校长和学校特聘专家、常州工学院刘廷新教授担任主编。通过两位主编一年多的艰辛努力，书稿终于完稿付梓。全书分上、下两篇。上篇内容为“常州梨膏糖”，由第一章至第八章组成。下篇内容为“常州小热昏”，由第九章至第十五章组成。

因本书定位为大众科普读本和校本课程的教学用书，所以笔者在编写时尽可能做到通俗易懂、文字简练、文图结合、淡化学术性。同时，由于成书时间短，文献资料少，加上编写人员的水平所限，本书的内容还有待完善，文字和观点表达可能还存在不少缺陷和问题，恳请读者谅解和指正。

严怀虎　刘廷新

2021年8月

目　录

上篇·常州梨膏糖

第一章　梨膏糖及其起源 …… 003
第一节　梨膏糖简介 …… 003
第二节　梨膏糖的起源 …… 004
第二章　梨膏糖在常州的传入与发展 …… 005
第一节　梨膏糖传入常州 …… 005
第二节　梨膏糖在常州的发展 …… 007
第三章　常州梨膏糖的制作材料 …… 009
第一节　常州梨膏糖的主要制作材料 …… 009
第二节　常州梨膏糖的选材要点 …… 014
第四章　常州梨膏糖的制作 …… 021
第一节　常州梨膏糖的制作流程 …… 021
第二节　常州梨膏糖的制作工艺 …… 025
第五章　常州梨膏糖的功效与适用人群 …… 028
第一节　常州梨膏糖的功效与服用方法 …… 028
第二节　常州梨膏糖的适用人群与禁忌 …… 030

第六章　常州梨膏糖的销售方式 …………………………… 032
第一节　常州梨膏糖的网络销售 ………………………… 032
第二节　常州梨膏糖的现场销售 ………………………… 034
第七章　常州梨膏糖的经营商家 …………………………… 036
第一节　常州梨膏糖的师传商家 ………………………… 036
第二节　常州梨膏糖的家传商家 ………………………… 039
第八章　常州梨膏糖制作技艺的代表人物 ………………… 041

下篇·常州小热昏

第九章　小热昏及其起源 …………………………………… 047
第一节　小热昏简介 ……………………………………… 047
第二节　小热昏的起源 …………………………………… 049
第三节　常州小热昏 ……………………………………… 051
第十章　常州小热昏的传入与传承 ………………………… 052
第一节　常州小热昏的传入 ……………………………… 052
第二节　常州小热昏的传承 ……………………………… 054
第十一章　常州小热昏的艺术形态 ………………………… 055
第一节　常州小热昏的表演程式 ………………………… 055
第二节　常州小热昏的唱腔音乐 ………………………… 060
第三节　常州小热昏的唱词与说唱语言 ………………… 062
第四节　常州小热昏的伴奏乐器与伴奏音乐 …………… 064

第五节 常州小热昏的道具与服饰 …………………… 066
第十二章 常州小热昏的遗存与现状 …………………… 069
第一节 常州小热昏的遗存 …………………… 069
第二节 常州小热昏的现状 …………………… 070
第十三章 常州小热昏的生态危机与保护 …………………… 074
第一节 常州小热昏的生态危机 …………………… 074
第二节 常州小热昏的文化生态保护途径 …………………… 077
第十四章 常州小热昏的师承关系 …………………… 086
第一节 常州小热昏的历史流变 …………………… 086
第二节 常州小热昏师承关系的梳理 …………………… 088
第十五章 常州小热昏的经典曲目 …………………… 093
第一节 常州小热昏的曲目 …………………… 093
第二节 常州小热昏的经典曲目介绍 …………………… 095

附录:常州小热昏曲谱选 …………………… 100
参考文献 …………………… 111
后记 …………………… 113

上篇

常州梨膏糖

第一章　梨膏糖及其起源

第一节　梨膏糖简介

唐宋以来,人们用白砂糖和梨汁以及川贝、杏仁、半夏、茯苓等多种中草药熬制成膏状糖块,这种糖块就是梨膏糖(图1-1)。梨膏糖口感甜如蜜、松而酥、不腻不黏、芳香适口。传统梨膏糖有止咳化痰、润喉清肺之功效,对咳嗽、气管炎、哮喘等疾病有独特疗效。

为了满足人们对梨膏糖药用和食用的多种要求,梨膏糖的从业者不断对制作工艺和用材进行改良和创新,研制出了很多新的品种。目前,市面上的梨膏糖有块状、颗粒状、琼浆状、膏状等形制和薄荷、香兰、虾米、胡桃、金橘、肉松、杏仁、百果、火腿、花生、松仁、玫瑰、桂花、豆沙等数十种口味。这些梨膏糖甘而不腻,甜中带香,香中带鲜,含在口中回味无穷。由于梨膏糖的历史悠久,在民间已传承千年,与百姓的生活息息相关,是特色传统名点和著名特产,各地已将梨膏糖确定为非物质文化遗产加以保护和传承。

图1-1　梨膏糖块　(刘廷新摄)

第二节　梨膏糖的起源

梨膏糖起源于何时，目前尚未发现确切的文献记载，存在的只是民间传说。坊间传说梨膏糖最早出现在距今1 300多年的唐贞观年间。

传说一：唐朝大臣魏徵（图1–2）的母亲患咳疾多年，久治不愈。唐太宗（图1–3）得知此事便选派太医开出良方医治。由于熬出的药汁太苦，魏母无法下咽。无奈之下，魏徵便在药汁中加入梨汁和糖一同熬制成膏状让母亲服用。此药膏不仅口感好，而且疗效显著，不久就治愈了母亲的咳疾。后来，此药方由一名宫人私下带出宫外，得以在民间流传。

传说二：唐太宗因劳累过度患上咳疾，太医熬制了药汁给唐太宗服用。由于药汁味苦，唐太宗无法下咽，一名聪明的宫人便在熬药时加了些梨汁、糖等甜品，并将药汁熬干做成块状，让唐太宗当作小食品来吃，唐太宗的咳疾不久就被治愈了。唐太宗大悦，于是奖赏了这名宫人，并赐药膏名为“梨膏糖”。

图1–2　魏徵

图1–3　唐太宗李世民

第二章　梨膏糖在常州的传入与发展

第一节　梨膏糖传入常州

唐贞观年间梨膏糖出现于宫廷后，北宋时期梨膏糖制作技艺传入民间。在当时的医疗条件下，这种既能治病又能做零食的糖块受到百姓的偏爱，一些人开始以做、卖梨膏糖为生，以京城汴京（今河南开封）为中心的城市和乡镇出现了售卖梨膏糖的小商贩。明清时期，梨膏糖传入当时的经济重镇和水陆交通中心扬州一带，随着江南地区经济和文化的发展繁盛，梨膏糖商人进入江南地区拓展市场。于是，富庶的苏南、浙北、上海一带成了梨膏糖的主要产销地区。

梨膏糖制作技艺大约于清末传入常州地区，通过文献记载和传承人的口述资料我们可以得知，常州梨膏糖制作技艺存在家传和师传两种形式，家传梨膏糖制作技艺始于常州本地人，师传梨膏糖制作技艺源于从外地来到常州开拓梨膏糖市场的艺人。从时间上看，常州的家传梨膏糖制作技艺要早于师传梨膏糖制作技艺。家传形式以蔡天赐为代表，师传形式以周阿根、吴金寿和包云飞为代表。

家传"蔡天赐"梨膏糖的第一代传承人为常州人蔡济世，艺名"蔡天赐"，后来"蔡天赐"成了其家传梨膏糖的招牌。蔡济世（1881—1966）生于光绪七年，20世纪初开始从事梨膏糖行业。其子蔡元兴(1901—1981)是“蔡天赐”梨膏糖第二代传承人,艺名“蔡家梨”。蔡元兴从小随父亲学做梨膏糖,很好地继承了祖辈的衣钵,并制作家传的药梨膏糖上街叫卖。蔡元兴的儿子蔡茂山(1927—2015)是“蔡天赐”梨膏糖第三代传承人。

第二节　梨膏糖在常州的发展

如前文所述，蔡氏家传的梨膏糖到蔡茂山已是第三代了。蔡茂山从小就生活在梨膏糖的叫卖声中。当时十多岁的蔡茂山就跟着父亲蔡元兴跑码头，学习如何沿街摆摊卖糖。18岁后，蔡茂山开始闯荡社会，独自在上海、苏州、无锡、江阴等地卖梨膏糖。20世纪40年代末，蔡茂山在上海摆摊卖糖，并闯出了名堂，“蔡天赐”成了上海滩上叫得响的梨膏糖品牌。中华人民共和国成立后，蔡茂山回老家常州发展，被包云飞收为弟子，并加入了由吴金寿、包云飞创办的梨膏糖合作社，在南大街开办了常州最有名的梨膏糖专卖店——百草香梨膏糖店（图2-1）。20世纪60年代中期社会形势发生改变后，蔡茂山不得不放弃梨膏糖事业成为企业职工。21世纪初，在蔡茂山的敦促和鼓励下，其女儿蔡亚萍和儿子蔡亚刚先后办

图2-4　20世纪60年代的百草香梨膏糖店　（叶莉莉提供）

起了自己的梨膏糖厂，将蔡氏梨膏糖制作技艺传承了下来。目前，“蔡天赐”梨膏糖已声名远扬，畅销江苏省内外。

另外，常州家传梨膏糖制作技艺的传承者还有赵启明家族。赵启明是包云飞的徒弟，与蔡茂山同辈，属于常州梨膏糖制作技艺的第四代传承人。现在他的两个儿子赵明光、赵明志仍在从事梨膏糖行业，维系着其家族的梨膏糖事业。

常州最早的师传小热昏传承人是无锡盲艺人周阿根和其弟子吴金寿，他们约于20世纪20年代中期来常州经营梨膏糖，同时在常州做梨膏糖的有包云飞。在常州的梨膏糖生意做起来后，吴金寿在常州定居下来，并专事表演小热昏和售卖梨膏糖。中华人民共和国成立后，吴、包二人组织成立“街头艺人说唱卖糖合作社”，该合作社于1963年迁址南大街，并改店名为“百草香梨膏糖店”。后来的常州小热昏艺人均是他们的弟子，现在已有六代传人（详见第十四章常州小热昏的师承关系相关内容），还健在的小热昏主要艺人有叶莉莉、王立荣、沈春亭、吴品贵、徐杰、臧志新、洪平、杨牛根等。常州小热昏在其兴盛时期广受民众的青睐和欢迎，成为常州广大群众文化娱乐的主要内容，常州小热昏艺人曾一度走出常州，足迹遍及江苏以及上海、浙江、安徽等地。

第三章　常州梨膏糖的制作材料

第一节　常州梨膏糖的主要制作材料

常州梨膏糖的用材较复杂,各家的配方基本一致,但因师传、家传及传承中的创新等因素的影响,各家做梨膏糖的用材又存在一定的差异。常州梨膏糖常用的制作材料有梨汁、冰糖(或白砂糖)、罗汉果、甘草、桔梗、陈皮、杏仁、茯苓、薄荷、山药、川贝、百合、紫苏、胖大海、蜂糖、麦芽糖、半夏、前胡、佛手、莱菔子、青果等20余种。这里简要介绍一些主要的用材。

一、梨汁

梨汁(图3-1)是梨膏糖最主要的材料,做梨膏糖选用的是上等雪梨。雪梨汁味甘微酸、性凉、无毒,有止咳、润肺清燥、消炎降火、养血生肌、解痰毒酒毒的功效,是非常好的肠胃"清洁工"。

图3-1　梨汁

二、冰糖

冰糖(图3-2)是由蔗糖加上蛋白质原料配方,经溶解、洁净处理后重结晶而制得的大颗粒结晶糖。冰糖味甘、性平,具有补中益气、和胃润

图3-2　冰糖

肺、止咳化痰、祛烦消渴、养阴生津等功效，可用于治疗中气不足、肺热咳嗽、咯痰带血、阴虚久咳、口燥咽干、咽喉肿痛、小儿盗汗、风火牙痛等病症。

三、罗汉果

罗汉果（图3–3）是葫芦科多年生藤本植物的果实，被人们誉为“神仙果”。罗汉果味甘、性凉，有润肺止咳、生津止渴的功效，适用于肺热或肺燥咳嗽、暑热伤津口渴，以及咽喉肿痛、大便秘结、消渴烦躁诸症。

图3–3　罗汉果

四、甘草

甘草（图3–4）为多年生草本植物，根与根状茎粗壮，是一种补益中草药。甘草味微甜，具有解毒、止咳、抗炎、健脾胃、调和诸药等功效。

图3–4　甘草

五、桔梗

桔梗（图3–5），别名包袱花、铃铛花、僧帽花，为多年生草本植物，能宣肺、利咽、祛痰、排脓，常用于治疗咳嗽痰多、胸闷不畅、咽痛、音哑、肺痈吐脓、疮疡脓成不溃等病症。

图3–5　桔梗

六、陈皮

图3–6　陈皮

陈皮（图3–6）为芸香科植物橘及其栽培变种的干燥成熟果皮，味苦、辛，性温，具有化痰止咳、理气健脾等功效，可以用于治疗脘腹胀痛、腹泻、食欲不振、咳嗽、痰多等病症。

七、杏仁

图3–7　杏仁

杏仁（图3–7）为蔷薇科落叶乔木植物杏或山杏的种子。杏仁具有丰富的营养价值，富含蛋白质、油脂、碳水化合物、粗纤维、钙、磷、铁、硒及多种维生素。其药用价值有止咳、平喘、润肠通便、下气、产乳、止惊悸等。

八、薄荷

图3–8　薄荷

薄荷（图3–8）属于唇形科、薄荷属植物，性辛凉，全草可入药，可治感冒发热、咽痛、头痛、目赤肿痛、风疹瘙痒、麻疹不透等症，此外对痈、疽、疥、癣、漆疮亦有效，还可清新口气，缓解牙痛，具有防腐杀菌、清利头目和疏肝解郁等功效。

九、川贝

川贝(图3-9)是百合科、贝母属的植物,为川贝母、暗紫贝母、甘肃贝母、梭砂贝母的干燥鳞茎。前三种按性状不同分别习称为“松贝”和“青贝”,后者习称为“炉贝”。川贝产于我国四川、西藏、青海、甘肃等地,具有清热润肺、化痰止咳的功效,用于治疗肺热燥咳、干咳少痰、阴虚劳嗽、咳痰带血等病症。

图3-9　川贝

十、半夏

半夏(图3-10)为天南星科植物,其药用部位主要为其干燥块茎。夏、秋两季采挖、洗净,除去外皮和须根,晒干即可存放使用。半夏在我国的东北、华北以及长江流域均有分布,具有燥湿化痰、降逆止呕、消痞散结的功效,用于治疗湿痰寒痰、咳喘痰多、痰饮眩悸、风痰眩晕、痰厥头痛、呕吐反胃、胸脘痞闷、梅核气等,也可外治痈肿痰核。

图3-10　半夏

十一、茯苓

茯苓（图3–11）为多孔菌科真菌茯苓的干燥菌核。茯苓挖出后除去泥沙，堆置“发汗”后，摊开晾至表面干燥，再“发汗”，反复数次至现皱纹、内部水分大部散失后，阴干，称为“茯苓个”；或将鲜茯苓按不同部位切制，阴干，分别称为“茯苓块”和“茯苓片”。茯苓味甘、淡，性平，用于治疗水肿尿少、痰饮眩悸、脾虚食少、便溏泄泻、心神不安、惊悸失眠等。

图3–11　茯苓

十二、前胡

前胡（图3–12）为伞形科植物白花前胡的干燥根，分布于我国山东、陕西、安徽、江苏、浙江、福建、广西、江西、湖南、湖北、四川等地，可在冬季至次年春季茎叶枯萎或未抽花茎时采挖。前胡具有降气化痰、散风清热等功效，用于治疗痰热喘满、咳痰黄稠、风热咳嗽痰多等症。

图3–12　前胡

第二节　常州梨膏糖的选材要点

如前文所述，常州梨膏糖由多种中药材熬制而成，其中有的用根、茎，有的用叶、果，还有的用花、皮。用根、茎的最好挑选冬天采挖的中药材，用叶、果的适宜挑选秋天采摘的中药材，用花、皮的药材得看开花和摘果的季节。具体到中药材的外形，则要外观清爽，根、茎肥壮，叶、果丰满，花、皮纯净，等等。

梨膏糖选材时，我们可以采用“看”“闻”“触”“尝”四个步骤来辨别中药材质量的好坏。

看：眼见为实，通过观察，可以大致看出中药材的干燥度、脆度。微湿松软的药材会腐败得比较快，也有一些中药材从表面上就能看出虫蛀、虫卵、灰尘等情况，说明品质较差，不宜选购。

闻：很多中药材都会散发出独特的香味，如果闻起来味道不自然，就应当考虑中药材是否新鲜。有些商家为了使中药材好卖，会用二氧化硫去浸泡中药材，这样生产出来的中药材虽然颜色诱人，但闻起来会有异味。

触：选购中药材时，在店家允许的情况下，可以用手去触摸选材。新鲜的中药材摸起来是干燥的，如果湿湿黏黏就要小心了。用手抓握中药时，如果有色素出现，也要提防。

尝：在条件允许的情况下，可以品尝一小块中药材，如果入口即有油臭或不自然的味道，需要谨慎选择。

除了上面提到的选购中药材的通用注意点之外，在梨膏糖的用料选材时，还要关注各种材料的选材要点。

一、雪梨的选材

看果皮：挑选雪梨时先看雪梨的果皮。梨皮厚的雪梨水分不足；梨皮薄、没有伤痕、没有虫害的雪梨一般特别甜，果汁也很充足，是值得购买的好雪梨。

看果形：质量好的雪梨果形端正，果肉细嫩，口感脆；果形不端正的雪梨往往肉质粗糙，汁少，口感不好且有涩味，不建议购买和食用。

看果脐：挑选雪梨时还可以看雪梨的果脐，果脐就是雪梨一端向里凹陷的地方。果脐圆而深的雪梨味道好，果脐不圆且很浅的雪梨会带有涩味和酸味。

二、冰糖的选材

选购冰糖时应注意以下几点：首先，冰糖是将白砂糖溶化、烧制、去杂质、冷却后得到的晶体，所以好的冰糖不应该有明显的杂质；其次，好冰糖是半透明、清澈泛白的，如果冰糖发黄或发暗，则质量有问题；再次，好冰糖的晶体有光泽，晶粒均匀，没有异味；最后，冰糖要选结成大块的和不规则形状的，这种是多晶冰糖，里面没有加入明矾，是购冰糖的首选。

三、罗汉果的选材

看外形：外观呈椭球形或球形的罗汉果质量比较好；若罗汉果的外形是扁球形或者凹凸不光滑，则品质比较差。

看大小：罗汉果的小果大多发育不够好，也不够成熟，在品质方面会打折扣；罗汉果的中果和大果一般发育得要好一些，品质也比较好。

看颜色：成熟、烘干的罗汉果，其外皮呈黄褐色；不成熟、烘干的罗汉果，其外皮呈棕黑色；若是从死藤摘下的罗汉果，其外皮则呈淡黄偏白色、死黄色或棕黑色。

看绒毛：表皮有绒毛的罗汉果，存放时间不长，是鲜果；表皮没有绒毛的罗汉果，则已经保存了一段时间，不是鲜果。

看果柄：果柄呈偏白色的罗汉果，是由不够成熟的生果烘干而成的；果柄呈黄色的罗汉果，是由成熟的生果烘干而成的；若罗汉果的果柄是黑色的，说明果实已经变质发霉腐烂。

看种子：掰开罗汉果，外壳已干，看到里边的种子核是比较新鲜的淡红色，根脉和外壳之间有密实的关联，并呈现一种温润感，说明是好的罗汉果；若是发现里边是粉状或者种子发黑，那就是质量差的罗汉果了。

四、甘草的选材

看颜色：甘草好坏最明显的标志就是它的颜色。一般来说，甘草越绿，表示它的胡萝卜素含量越高，其他营养成分的储存量也越多。甘草最好的颜色是鲜绿色，其次是淡绿色（或灰绿色），再次是黄褐色，最差的是暗褐色。暗褐色的甘草已经没有药性，不能食用。

看纹理：质量好的甘草有纵皱纹、沟纹及皮孔，还有稀疏的细根痕；质量差的甘草纵皱纹不太明显，皮孔横生。

看断面：真甘草质坚实而重，切面中央稍下陷，略显纤维性，粉性足，具放射状纹理，有裂隙，断面有一明显的环纹和菊花心，形成层环纹明显；假甘草断面具有很明显的纤维性，粉性小，没有环纹和菊花心。

闻气味：优等甘草香味浓郁，丝毫没有霉变的气味；中等甘草香味较淡，没有霉变的气味；较差的甘草没有香味，茎粗硬，有轻度的霉味;劣等甘草则霉味较浓。

五、桔梗的选材

优质桔梗的根呈圆柱形或纺锤形,微有光泽,表面呈白色或淡黄色;质地坚脆,易折断,断面略带颗粒状,有放射状裂隙;皮部较窄,形成层明显,有棕色环纹,中央无髓;闻之气微,味道微甜而后微苦。

劣质桔梗外观多呈圆锥形,表面为棕黄色或灰棕黄色,有扭曲的纵沟纹;体轻,质坚实,切开后断面有棕白相间的纹理,无棕色环纹,形成层不显著;气味微弱,味苦涩而辣。

六、陈皮的选材

看一看:挑选陈皮的时候首先看一看陈皮的颜色,一般来说颜色较浅的陈皮年份较短,颜色较深的陈皮则是多年的陈皮,品质较好。另外,也可以看一看陈皮的外形,最好是挑选整片的或较为完整、没有较多破损的陈皮。

闻一闻:挑选陈皮的时候可以闻一闻,如果气味醇香绵长,说明陈皮质量好;若闻起来比较刺鼻,说明陈皮年份比较短,质量没有保障。

尝一尝:挑选陈皮时也可以尝一尝,如果味道比较苦涩,说明陈皮年份较短,或者品质较差。

试一试:挑选陈皮时还可以把陈皮拿起来试一试,如果陈皮比较脆,可以轻易掰断,说明品质较好。

七、杏仁的选材

一是要看杏仁的大小,要挑选颗粒比较大的且整体看上去比较均匀饱满的；二是要看杏仁的形状，品质好的杏仁一般都是扁球形的；三是要看杏仁的色泽，品质好的杏仁是鲜艳有光泽的；四是要摸杏仁，在摸杏仁的时候，如果感受到杏仁的尖部是有点扎手的，整体是干燥的，说明杏仁品质较好；五是要听杏仁的声音，品质好的杏仁咬下去的时候发出的是松脆的声音。

八、薄荷的选材

薄荷以叶多、色绿、气味浓香为佳，有异味的不宜选购，同时还可通过看茎、看质地和看叶片来辨识。

看茎：薄荷茎为方柱形，有对生分枝，表面呈紫褐色或淡绿色，棱角处有白色茸毛，下表面在放大镜下可见凹点状腺鳞。

看质地：薄荷质脆易断，断面呈白色，髓部中空。

看叶片：薄荷叶对生，有短柄，叶片皱缩或破碎，完整叶片展平后呈卵状披针形、长圆状披针形或椭圆形，边缘有锯齿。揉搓后有薄荷香气，味辛、凉。

九、川贝的选材

川贝分为多种类型，有炉贝、松贝、青贝等，各种川贝特征存在一定差异。

炉贝：多呈菱形或圆锥形，颗粒大，形似马牙状，故俗称“马牙嘴”，质地硬脆，粉性足，气微，味微苦。

松贝：呈卵圆形，颗粒大小均匀，直径一般不超过1厘米，顶端稍尖、闭口。底部平，能直立放稳。外层两鳞片大小悬殊，小鳞片被包在心脏形的大鳞片内，留一新月形部分在外，俗称“怀中抱月”。其外表呈纯白色，有光泽，质地硬脆，粉性足。

青贝：呈扁球形，外层两鳞片大小相近。顶端开口，内有小鳞片数枚。颗粒多歪斜,不能直立放稳。外表呈浅黄白色,质地较松贝疏松,粉性足。

无论哪种川贝,我们在选用时都要选择颗粒均匀、质地坚实、色泽洁白的。反之,川贝的质量就没有保证。

十、半夏的选材

半夏的干燥块茎呈圆球形、半圆球形或偏斜状,直径0.8～2厘米。表面呈白色或浅黄色,未去净的外皮带黄色斑点。上端多圆平,中心有凹陷的黄棕色的茎痕,周围密布棕色凹点状须根痕,下端钝圆而光滑。半夏粉末嗅之呛鼻,味辛辣,嚼之发黏,麻舌而刺喉。以个大、去皮净、色白、质坚实、粉性足者为佳;以个小、去皮不净、色黄、粉性小者为次。

十一、茯苓的选材

一是看外观:首先看颜色,去皮后切好的茯苓一般会呈现白色、淡红色或淡棕色,过白的茯苓很可能是用硫黄熏白的;其次看切面,正品茯苓表面色泽均匀,切面细腻,而残次的茯苓外表色泽不均匀,切面粗糙。

二是闻味道:首先,正品茯苓闻起来没什么味道,而残次的茯苓闻起来有霉味、酸味等刺鼻味道,有些甚至有硫黄味道;其次,好的茯苓无论生块品尝还是煮熟后品尝,基本无味,残次的茯苓食用时会有涩味、苦味或酸味。

三是用碘酒鉴别:茯苓如果滴入碘酒后没有变色,说明是优质品;如果变成蓝色,说明是残次品。

十二、前胡的选材

看外观:前胡呈不规则的圆柱形、圆锥形或纺锤形,稍扭曲,下部常有分枝。表面为黑褐色或灰黄色,根头部多有茎痕和纤维状叶鞘残基,上端有密集的细环纹。质较柔软,干者质硬,可折断,断面不整齐,呈黄白色。皮部有棕黄色油点,呈放射状。

尝味道:前胡气味芳香,尝之微苦而辛,以枝条整齐、身长、断面呈黄白色、香气浓郁者为佳品。

第四章　常州梨膏糖的制作

第一节　常州梨膏糖的制作流程

梨膏糖的制作较为复杂,有固定的程序和较高的技巧要求,制作工具主要有搅棍、方板、方尺、切刀、熬锅、瓷罐、包装材料等。制作流程一般如下:

一、选材

精心选购个大、成熟的雪梨,以及高品质的其他各种材料作为原料备用(图4–1)。

图4–1　梨膏糖的部分原料

二、清洗

将采购到的各种梨膏糖用材清洗干净,细心检查并用刀剔除腐蚀和不洁净部分,待自然晾干后分装好备用(图4–2)。

图4–2　清洗后分装　(周进摄)

三、捣碎

将冰糖及其他待用的中草药原料通过粉碎机或者人工方式捣碎成小颗粒状或粉状，分装于不同容器中。

四、榨汁

榨汁方法有以下三种：

1. 直接榨汁。将清洗过的梨果直接装入榨汁机内挤压榨汁（图4–3）。

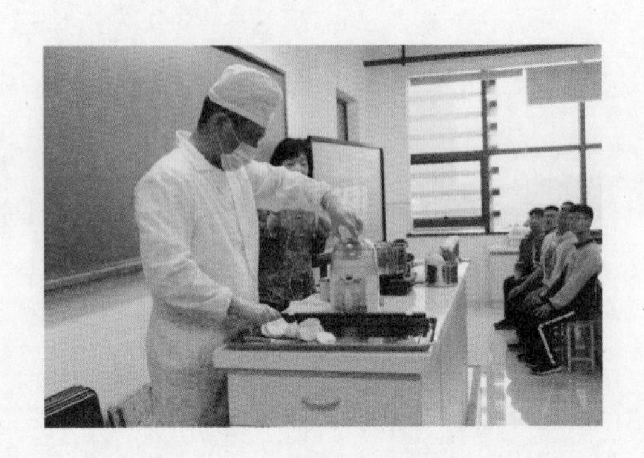

图4–3　榨汁　（周进摄）

2. 纱布挤汁。用刮刀将梨果刮成丝状或剁成碎块，用洁净的纱布包裹，放在案板上用手挤压取汁，然后用网筛过滤杂质。

3. 水煮取汁。在锅内加入占果重的四分之一的清水，加热，待水开后将切成片状或块状的梨果置于水中煮沸至梨果肉变软后，用网筛将果肉捞出。滤出果肉后，锅内即为梨汁。

五、过滤

用网筛将混入梨汁中的果皮及其他杂物过滤干净，得到的纯净梨汁即可用于与其他材料一起熬制梨膏糖（图4–4）。

图4–4　过滤　（周进摄）

六、武火熬制

图4-5　武火熬制　(周进摄)

按照一定的比例把水、冰糖(或白砂糖)、梨汁和碾成粉的多种中药材搅均匀,装入熬锅或瓷罐内,用武火煎煮20~30分钟,视液汁黏稠情况确定是否继续熬制。若未达到一定的黏稠度则再熬几分钟,直到黏稠度足够为止(图4-5)。

七、文火熬膏

图4-6　文火熬膏　(周进摄)

接着用文火熬制,梨汁中的水分逐渐蒸发,液汁的颜色逐渐由淡褐色变为褐色。熬制后期,为了防止浓缩液汁粘锅底,须用木棍或饭勺不停地搅动,将液汁熬成稀糊状。此时用筷子挑起糖液,糖液呈长丝状即成,须关火冷却(图4-6)。

八、打冷板

先让糖膏在锅里自然冷却几分钟,再用搅棍进行搅拌,此时关键要看准梨膏糖颜色的变化,正常的颜色应该是浅黄色或红褐色。若起锅过早,则梨膏糖太"嫩",水分太多,没法长期保存;若起锅过晚,则梨膏糖颜色变成难看的黑褐色,味道焦苦,成形后卖相不好。将起锅后的糖膏平摊在专用的冷却板上进行冷却。

九、浇模

把打好冷板的梨膏糖放到方格板上，形成一个平整的方形大糖块。待冷却后用方尺划出一个个规整的长方形小块(图4–7)。

图4–7　浇模　(蔡亚刚提供)

十、切块

将方形大糖块放入涂过熟油的大瓷盘中，放至稍凉后压平，然后用切刀将糖块划切成长方形小块，待凉透后，即为梨膏糖小糖块。

十一、包装

将制作好的小糖块分层包装。以前常用三层包装：第一层用光纸包装，第二层用色纸包装，第三层用玻璃纸包装。现在包装纸质量提高后，一些厂家也用一层玻璃纸包装，然后装入印有厂家商标的梨膏糖包装盒内，完成包装(图4–8)。装好的梨膏糖盒(瓶)可放在通风背阳的室内，夏季高温时节最好放在冰箱里冷藏，一般可存放1 ~ 2年时间。

图4–8　包装　(叶莉莉提供)

第二节　常州梨膏糖的制作工艺

一、工艺特点

梨膏糖是典型的中国传统食糖之一,属砂性硬糖。它将雪梨、川贝、杏仁、陈皮、薄荷等的药用功能与糖果有机地结合在一起,风味独特。该产品历史悠久,数百年来一直享有盛誉,在民间广受老百姓喜爱。

由于梨膏糖的销量不大,而且多是家庭作坊生产,因此其制作工艺的机械化程度较低,基本以手工制作为主。首先,选材和漂洗两个环节均用人工完成;其次,捣碎环节有用粉碎机的,也有手工捣碎的;再次,榨汁一般用榨汁机代劳,过滤大多选用网眼较细的网筛,煮制会用适宜的锅具;最后,打冷板会在一块方整的木块上进行,浇模和切块会用横板、方尺和切刀来完成。

二、配方

梨膏糖的种类有很多,各种梨膏糖的配方各不相同。以传统止咳梨膏糖为例,其常用配方基本如下:雪梨或白鸭梨 1 000 克,川贝 30 克,陈皮 50 克,桔梗 50 克,罗汉果 30 克,杏仁 30 克,生甘草 10 克,半夏 30 克,冰糖 500 克,茯苓 30 克,薄荷 20 克,银杏 50 克。

三、工艺流程

梨膏糖的工艺流程没有一个统一标准,但制作工艺基本一致。大致的工艺流程在本章第一节已有陈述,这里不再赘述,可以用流程图表示如下：选材→清洗→捣碎→榨汁→过滤→武火熬制→文火熬膏→打冷板→浇模→切块→包装。

四、操作要点

1. 选材。梨膏糖的用材应来自药店、专业市场等正规渠道，要选用品质好，没有过期、变质和腐烂的用材。

2. 清洗。梨膏糖用材最好采用手工清洗，洗时动作应轻微、细致，尽量不损坏原材料，保证其品质。

3. 捣碎。无论是机器捣碎还是人工捣碎，既要保证安全卫生，又要注意捣碎的程度，适中便好，捣碎得太粗、太细都会影响制糖的难度和质量。

4. 武火熬制。武火熬制时的火力可以较大，温度一般控制在128℃~130℃。

5. 文火熬膏。文火熬膏时火力则适当减小，注意观察糖汁颜色和黏稠度的变化，待糖汁被挑起时呈长丝状时便关火停止熬制。熬过火的糖膏会变得味苦发涩，口感不好。

6. 打冷板。将熬制好的糖膏快速倒至冷却板上，并迅速将糖膏摊平，让其降温冷却。

7. 浇模。待糖膏尚有一定热度时，将糖膏小心放到特制的方格板上，并摊平糖膏，使其填满方格板。

8. 切块。待糖膏冷却后按照方格划条切割，将糖膏切成小方块状的糖块，放至完全冷却后再包装（图4–9）。

图4-9 梨膏糖切块 （王政摄）

第五章　常州梨膏糖的功效与适用人群

第一节　常州梨膏糖的功效与服用方法

一、功效

梨膏糖由冰糖(或白砂糖)与雪梨、川贝、杏仁、陈皮、茯苓等多种中药材熬制而成，口感甜如蜜，松而酥，不腻不黏，芳香可口，具有显著的药用功效。

1. 润肺止咳。平日多吃梨膏糖能润肺止咳。雪梨本身具有滋阴润肺的功用，加入多种中药后能更加有效地改善呼吸功能，提高呼吸系统的健康水平。

2. 养阴生津。梨膏糖的性质微寒，能养阴生津、润肺清心，对人体经常出现的阴虚肺燥类问题有明显的治疗作用。此外，梨膏糖对口干舌燥、咽喉肿痛、上火等问题也有一定疗效。

3. 补充营养。梨膏糖也有很高的营养价值，多吃梨膏糖有助于人体吸收丰富的果糖、葡萄糖和果酸，以及大量的维生素和碳水化合物。这些物质能提高人体消化功能，对维持呼吸系统健康以及清肠排毒都有一定的促进作用。

二、服用方法

1. 用量：成人早、中、晚各口服2小块，少儿减半。

2. 用法：

(1)含着吃：像普通糖果一样直接含服，吃的时候轻轻地闭口，这样就可以让里面的薄荷气味更好地滋润口腔，使人含服之后有一种透心凉的感觉,还会散发清新的口气。

(2)嚼着吃:直接闭口嚼服,可以让薄荷的凉气充分填充到鼻腔的每个角落,能够缓解咳嗽和鼻塞,并有很好的消炎作用。

(3)泡水喝:用温开水泡水喝,这种方法可以淡化梨膏糖的甜度,对于不怎么喜欢吃糖的人来说是不错的选择。也可以直接用白开水或茶水来冲服。

第二节　常州梨膏糖的适用人群与禁忌

一、适用人群

1. 患有咽炎、鼻炎、哮喘、气管炎而经常咳嗽、胸闷、气短、呼吸不畅的人群。

2. 有口腔溃疡、咽喉肿痛、痰多、恶心干呕、声带小结等问题的人群。

3. 教师、医生、护士、记者、导游、客服、主持人、播音员、营业员、促销员、销售员等用嗓多的人群。

4. 经常抽烟、喝酒、熬夜的人群。

5. 经常在外吃饭，受高油、高盐、高添加剂困扰，感觉嗓子不舒服的人群。

6. 习惯性晕车、晕船的人群。这类人群可将梨膏糖替代晕车药使用。

7. 大量喝茶引起“醉茶”症状的人群。这类人群可将梨膏糖作为“茶伴侣”使用。

8. 空气污染严重地区的人群。梨膏糖具有“清肺”功能，长期食用可防止呼吸道疾病的发生，因此梨膏糖也适用于空气污染严重地区的人群。

二、食用禁忌

梨膏糖虽然有润肺、止咳等疗效，口感好，服用方便，但也有食用禁忌。

1. 孕妇不宜吃梨膏糖。梨膏糖中含有多种中药材，部分中药材可能会对胎儿发育造成影响，因此孕妇不宜吃梨糖膏。

2. 糖尿病患者不宜吃梨膏糖。梨膏糖中含有一定量的冰糖或白砂糖等，糖分含量较高，不利于糖尿病患者控制血糖。

3. 女性生理期不宜吃梨膏糖。梨膏糖属于寒性食物，女性在生理期吃梨膏糖，有可能导致小腹疼痛或者经血淤积等异常症状。

4. 脾虚胃寒之人应少吃梨膏糖。梨膏糖的主要成分是雪梨，梨子性凉，如果脾虚胃寒的人吃梨膏糖太多，容易导致大便溏稀，也会加重体虚症状。

5. 梨膏糖不能与螃蟹混吃。医学典籍《饮膳正要》载“柿梨不可与蟹同食”，梨为凉性，与寒性的螃蟹同食会损伤脾胃，引起消化不良，导致腹泻或者腹痛。

第六章　常州梨膏糖的销售方式

一直以来，梨膏糖由于销量有限，不适合大批量生产。因此，常州梨膏糖大多由个体进行小规模生产和销售，其售卖方式随社会环境发生着变化。在当代营商环境下，梨膏糖的售卖存在网络销售和现场销售两种形式。网络销售以网店销售和网络平台销售为主，现场销售有“文卖”和“武卖”两种售卖方式。

第一节　常州梨膏糖的网络销售

一、网店销售

利用网络的强大信息传播功能和便捷形式进行商品销售是许多商家的不二选择。常州的多家梨膏糖商家，如叶莉莉梨膏糖、蔡天赐梨膏糖、百草香梨膏糖（图6–1）、冬神梨膏糖（图6–2）、千里香

图6-1　百草香梨膏糖网店的宣传图　（杨牛根提供）

图6-2　冬神梨膏糖网店的品牌图片　（王胜利提供）

梨膏糖等，均开设了梨膏糖网店，很好地宣传了自家的梨膏糖产品，也增加了梨膏糖的销量。

二、网络平台销售

在开设自家梨膏糖网店的同时，常州的一些梨膏糖商家如叶莉莉梨膏糖（图6-3）和蔡天赐梨膏糖（图6-4）等还借助淘宝、京东、拼多多、阿里巴巴等网络平台的人气和品牌效应，在平台上推广、售卖自家的梨膏糖产品，以求扩大销量，获得了较好的销售效果。

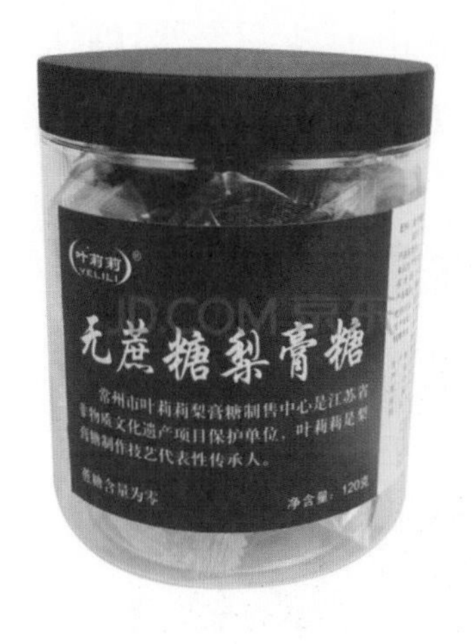

图6-3　叶莉莉梨膏糖的网络图　（叶莉莉提供）

图6-4　蔡天赐梨膏糖的网络图　（蔡亚刚提供）

第二节　常州梨膏糖的现场销售

一、梨膏糖的“文卖”

“文”即温和、文雅之意，梨膏糖的“文卖”是指一种较为温雅、传统的现场卖糖方式。卖糖人一般在固定地点熬制梨膏糖，并摆上糖摊来售卖梨膏糖。

早期的常州梨膏糖经营者以制糖、卖糖为生，四处跑码头、游动卖糖，多为“武卖”艺人。中华人民共和国成立后，梨膏糖从业者有了稳定的工作和居所，其制糖、卖糖地点基本固定，则大多以“文卖”方式卖糖(图6–5)。

图6–5　“文卖”梨膏糖　(叶莉莉提供)

二、梨膏糖的“武卖”

“武”即威猛、强烈之意，梨膏糖的“武卖”指颇具难度和挑战性的卖糖方式，卖糖人往往没有固定的制糖地点和糖摊，需要背着梨膏糖箱走街串巷，以说唱“小热昏”的方式招揽顾客来售卖梨膏糖

(图6–6)。由于“武卖”比“文卖”更灵活、更聚人气,能获得更大的销量和利润,因此,以往的梨膏糖商人往往都以说唱“小热昏”来卖糖,“武卖”是传统梨膏糖售卖的主要方式。然而,当今的梨膏糖商人大多已不会说唱“小热昏”,只能靠固定摆摊以“文卖”的方式售卖梨膏糖。

图6–6 “武卖”梨膏糖 (叶莉莉提供)

第七章　常州梨膏糖的经营商家

近几十年来，由于梨膏糖的市场萎缩，销量锐减，盈利微小，经营者难以维持生计，导致从业人员改行另谋生路，许多商家关门改做其他生意。据本项目组调查，常州市目前仍生产经营梨膏糖的商家有十家左右，按师传和家传分类列述如下。

第一节　常州梨膏糖的师传商家

一、叶莉莉梨膏糖制售中心

叶莉莉是常州梨膏糖制作技艺的省级代表性传承人，20世纪60年代师承包云飞学习梨膏糖制作技艺，后由于梨膏糖行业萧条改行从事幼教工作。21世纪初国家开始重视“非遗”保护后，已经退休的叶老师于2003年重拾旧业，办厂制作梨膏糖，经营做得顺手后将企业改名为“叶莉莉梨膏糖制售中心”。生产厂址设在常州市钟楼区西林街道凌家船坊头128号，销售店在常州市钟楼区关河西路31号（图7-1）。经过多年的打拼和磨炼，“叶莉莉梨膏糖”现在已是“江苏省老字号”和“常州市名优产品”。

图7-1　叶莉莉梨膏糖销售店
（叶莉莉提供）

二、千里香梨膏糖厂

千里香梨膏糖厂由常州梨膏糖制作技艺代表性传承人洪平创立。洪平在20世纪70年代随叶莉莉的师兄范兆余学做梨膏糖，学成后曾于1989年在常州市奔牛镇注册开办了梨膏糖厂。之后因为梨膏糖销售的不景气，梨膏糖厂做做停停。21世纪初，洪平改在常州市天宁区茶山街道红梅村委段家村87号重新开办千里香梨膏糖厂，生产和销售梨膏糖。“千里香梨膏糖”现已成为“江苏省消费者满意产品”和“常州市名优产品”，影响较大，销量较好。

三、百草香梨膏糖有限公司

百草香梨膏糖有限公司的创办人为常州市梨膏糖著名传承人杨牛根。杨牛根是第四代传人张俊贤的徒弟，20世纪80年代开始随张俊贤学习梨膏糖制作技艺。早年受环境和条件的限制，杨师傅一直没能办起属于自己的梨膏糖生产作坊。2014年，杨牛根注册成立了百草香梨膏糖有限公司，开始从事梨膏糖经营(图7-2)。由于技术过硬、精于营销，公司的生意做得较为红火。其公司地址为常州市钟楼区锦阳花苑4幢-2号。

图7-2　百草香梨膏糖　（杨牛根提供）

四、蔡门梨膏糖有限公司

蔡门梨膏糖有限公司成立于2020年，是以生产销售梨膏糖为主的小微企业。公司法人为陈敏，地址位于常州市天宁区红梅假日广

场41号。其梨膏糖的销售状况和发展势态还有待社会的检验。

五、冬神梨膏糖厂

冬神梨膏糖厂成立于20世纪90年代末，法人为金坛区梨膏糖制作技艺代表性传承人王胜利。20世纪60年代中期，年轻的王胜利随金坛茅山的梨膏糖传人葛仁福学习制作技艺，后来开设家庭作坊生产梨膏糖，直到20世纪90年代末才办厂批量生产梨膏糖。冬神梨膏糖厂厂址位于常州市天宁区兰陵路29号。“冬神梨膏糖”先后被评为“江苏省消费者满意产品”“常州市名优产品”等。

六、南南梨膏店

南南梨膏店注册于1999年，地址在常州市钟楼区陆家巷3号，负责人是徐文渊。南南梨膏店不生产梨膏糖，以推销、售卖梨膏糖为主，是常州梨膏糖销售的主要店家和渠道之一，为常州梨膏糖的推广和销售做出了积极贡献(图7–3)。

图7–3　南南梨膏糖　(徐文渊提供)

七、香百草梨膏糖店

香百草梨膏糖店成立于2009年5月，以梨膏糖的产销为主，由蔡玉梅女士创办，地址位于钟楼区北大街大观路55–27号。由于当今梨膏糖的销量不大，香百草梨膏糖的产量较小，营业收入基本维持糖店的正常开支。

第二节　常州梨膏糖的家传商家

常州家传梨膏糖商家以蔡茂山家族为代表，蔡茂山老先生于2015年去世后，其儿子和女儿分别创办了自己的梨膏糖商家，他们不以营利为目的，主要为了延续蔡氏的家传技艺。

一、永红蔡氏天香斋梨膏糖厂

永红蔡氏天香斋梨膏糖厂由蔡茂山的长子蔡亚刚创办，地址位于钟楼区永红街道荆川路8–1号。蔡氏历经五代家传下来的“蔡天赐”牌梨膏糖（图7–4）已有百余年历史，是“江苏省老字号”“江苏省消费者满意产品”“常州市名优产品”，具有很高的品牌知名度，曾与上海城隍庙的梨膏糖平分秋色。

图7–4　“蔡天赐”牌梨膏糖　（蔡亚刚提供）

蔡家的梨膏糖甜而不腻，入口含化没有粗沙口感，既好吃又能缓解咽喉不适。而蔡亚刚最引以为傲的黑糖膏则入口微苦，回甘层次丰富，质地醇厚，带着沁人心脾的药草香气，早晚含服一勺可缓解咳嗽、积食、咽喉肿痛等症状。现在，投入现代化生产后，“蔡天赐"牌梨膏糖主要在电商平台上进行销售，便捷的销售方式使得"蔡天赐"牌梨膏糖声名远扬，销量也能得到保证。

二、永红蔡亚萍梨膏糖商行

永红蔡亚萍梨膏糖商行是由蔡亚刚的姐姐蔡亚萍创办的。蔡亚萍是蔡茂山的大女儿，由于父亲常年在外售卖梨膏糖，蔡亚萍很早就承担起家里的重任，不仅要帮助母亲照顾弟妹，还要协助料理家务。懂事的蔡亚萍在承担家务的过程中学到了父亲的手艺——梨膏糖制作技艺。退休后的蔡亚萍拾起了家传技艺，开办起了自己的永红蔡亚萍梨膏糖商行，和弟弟蔡亚刚一样传承蔡氏梨膏糖制作技艺。永红蔡亚萍梨膏糖商行位于常州市钟楼区花园路29号401室。

第八章 常州梨膏糖制作技艺的代表人物

在常州梨膏糖兴起至今的百年历史中,从最早的周阿根开始,先后有百余名常州人从事过梨膏糖营生。他们有的终身以此为业,有的做梨膏糖断断续续,有的半途而废,有的最后放弃,各人情况不一。其中最具代表性的人物有周阿根、吴金寿、包云飞、范兆余、叶莉莉、蔡茂山等人。

一、周阿根

周阿根,生卒年不详,无锡人,早年因疾病成为半盲人(生活能基本自理)。为了生存,周阿根20世纪初随苏州梨膏糖艺人陈长生学艺,艺名"小得利",学成出师后独自做梨膏糖营生。20世纪20年代初,周阿根来到常州开创梨膏糖事业,在北大街小庙弄口租房开设了常州的第一家梨膏糖店。生意稳定后,周阿根收了年轻人吴金寿学艺兼帮工。周阿根是常州最早的梨膏糖经营者,为常州梨膏糖和小热昏的兴起与发展起到了重要作用。

二、吴金寿

吴金寿(1904—1966),祖籍泰兴,出生于苏州(图8-1)。吴金寿少年时曾当过豆腐店小伙

图8-1 吴金寿 (孙春提供)

计和面摊杂差，成年后在上海邮电局当信差，1927年随周阿根学艺，1930年开始在常州城隍庙说唱卖糖，两年后定居常州。中华人民共和国成立后，吴金寿曾任常州市文联属管的杂艺股股长、常州市曲艺联谊会副主任。1958年，吴金寿同包云飞在常州市东大街开设"街头艺人说唱卖糖合作社"，专营药梨膏糖和各种花色梨膏糖。1963年，"街头艺人说唱卖糖合作社"迁址南大街，并改店名为"百草香梨膏糖店"。

三、包云飞

包云飞（1916—1989），江阴市徐霞客镇湖塘里人（图8-2），早年拜梨膏糖一代宗师陈长生之子陈国安为师，学成后在无锡、江阴一带说唱卖糖。20世纪30年代中期，包云飞来常州经营梨膏糖生意，后定居常州。抗战时期，包云飞多次到茅山抗日根据地说唱卖糖，宣传和支持抗日。中华人民共和国成立后，包云飞在常州市文联任职，后与吴金寿一同组织常州梨膏糖界精英成立"街头艺人说唱卖糖合作社"。包云飞在常州收了多位徒弟，当今常州的梨膏糖艺人大多是包系传人。

图8-2　包云飞　（叶莉莉提供）

四、范兆余

范兆余（1924—2012）（图8-3），常州市天宁区人，常州市第一批市级非物质文化遗产项目常州梨膏糖制作技艺代表性传承人。

范兆余年少时拜包云飞为师学习梨膏糖制作技艺，是包氏的大弟子。由于爱钻研和头脑机灵，其制作的梨膏糖远近闻名。为了将梨膏糖技艺传承下去，范兆余先后授徒十余人，培养出了常州梨膏糖市级代表性传承人洪平等知名弟子。

图8-3　范兆余　（叶莉莉提供）

五、叶莉莉

叶莉莉（1944—　）（图8-4），原籍上海，常州市天宁区人，“常州小热昏”国家级传承人，常州梨膏糖制作技艺省级代表性传承人。叶莉莉出身于音乐世家，20世纪60年代随上海市流动说唱队来常州表演，被常州梨膏糖艺人包云飞看中成为其女徒弟。年轻的叶莉莉在学艺过程中好学好问，很快学会了梨膏糖的制作技艺，成了学徒中的佼佼者。20世纪90年代，叶莉莉退休后，怀着对梨膏糖的一份情感，开设了“叶莉莉梨膏糖制售中心”，还先后带了6个徒弟，师传、家传相结合，使得“叶莉莉梨膏糖”薪火相传。“叶莉莉梨膏糖制售中心”现已被评为“江苏省非物质文化遗产保护单位”，并与飞龙中学联合筹建了“常州梨膏糖展示馆”。

图8-4　叶莉莉　（叶莉莉提供）

六、蔡茂山

图8-5　蔡茂山　（蔡亚刚提供）

蔡茂山（1927—2015），常州市钟楼区人，常州梨膏糖技艺家传代表性人物，“蔡天赐”梨膏糖第三代传承人。蔡茂山十多岁时随父亲蔡元兴学做梨膏糖，并在常州、无锡、苏州、上海等地武卖梨膏糖。20世纪70年代，蔡茂山进厂当工人，业余时间继续做糖卖糖，同时教会了几个子女制作梨膏糖。退休以后蔡茂山重操旧业，将家传的药梨膏糖发扬光大，研制出了多种口味的“蔡天赐”梨膏糖。21世纪初，其长子蔡亚刚继承家族梨膏糖产业，创办了“蔡天赐”梨膏糖工厂进行规模化生产。“蔡天赐”梨膏糖现已成为“江苏省老字号”和“常州市名牌产品”，产品热销省内外。

下篇

常州小热昏

第九章　小热昏及其起源

第一节　小热昏简介

小热昏是广泛流行于苏浙沪一带的谐谑形式，又名“小锣书”，俗称“卖梨膏糖的”，是一种马路说唱艺术。据考证，小热昏始于清光绪年间，是伴随梨膏糖而产生的滑稽说唱。最初，梨膏糖商人采用说笑话、讲新闻故事的形式招揽人气，以此来推销梨膏糖。后来，这种方式得以推广，许多梨膏糖商人以此来售卖梨膏糖，并得到了良好的收益。至清末民初，由于梨膏糖商人说唱时采用隐晦曲折的手法反映时事新闻，内容多讽喻当时社会上的黑暗现象，为避免遭迫害和惹麻烦，表示自己是因“热昏”了而胡言乱语的，梨膏糖商人便将这种说唱命名为“小热昏”（图9–1）。

图9–1　小热昏　（叶莉莉提供）

小热昏兴起于清末，兴盛于民国中期，至20世纪60年代后期逐渐冷落、消失，至今会表演小热昏的艺人已不多见。小热昏多为露天演唱，形式简单，一副支架用于放糖箱，一张长凳代表舞台，一人（单档）或二人（双档）表演，以小锣或三巧板伴奏。一般先敲小锣，招徕观众，接着讲笑话、说新闻故事，最后唱长篇。每到关键环节，艺人便暂停表演，间或卖糖，卖出一批糖块后又接着表演。如此数次反复，待到表演结束时，梨膏糖也卖得差不多了。

第二节　小热昏的起源

小热昏是伴随梨膏糖的兴起而产生的。据传，梨膏糖最早出现在唐贞观年间，距今已有1 300余年的历史。关于梨膏糖的起源，在本书第一章中已有论述，这里不再赘述。

北宋年间，梨膏糖制作技艺已传入民间，在当时社会状况和医疗条件下，这种既能治病又能做零食的糖块受到百姓的偏爱，销售有保障，一些人开始以做、卖梨膏糖为生，以京城汴京（开封）为中心的城市和乡镇出现了售卖梨膏糖的小商贩。南宋迁都临安（杭州）后，梨膏糖也经开封、扬州传入江南地区。于是，苏南、浙北和上海一带成了梨膏糖的主要产销地区。

随着历史的延续，梨膏糖产业经历了元、明、清三朝的数百年时间而不衰。到了清朝末年，内忧外患，民不聊生，导致百姓的消费水平和社会购买力急剧下降，小商业和小作坊受到冲击，梨膏糖行业处境艰难，一批从业人员改行另谋出路。清光绪初年，有人为了维持生计开始走街串巷叫卖梨膏糖，之后出现了在街口、码头、集市、村头、庙会等人口密集地摆摊售卖梨膏糖的小贩（图9-2）。为了吸引路人的关注和聚集人气，卖糖人开始以己之长表演些小节目供人观赏，开始是讲笑话、说故事和新闻，之后不断改进、完善，并加入当地的民歌、小调和戏曲音乐，说、唱结合进行表演，表演一段后趁机卖些糖块，然后再表演、再卖糖，直到卖完梨膏糖为止。

图9-2　街头小热昏艺人塑像　（王政摄）

现在，业界公认最早以说唱形式卖梨膏糖的是苏州人赵阿福，史料记载他大约于1880年（清光绪六年）在苏州玄妙观前以说唱的形式售卖梨膏糖。约10年之后（1890年），另一位苏州梨膏糖艺人陈长生在赵阿福的基础上发扬光大，创作了一些经典的段子，并吸收江南民歌、小调、滩簧、宣卷、锡剧等音乐元素，加以整合和创新，使梨膏糖说唱艺术得以成熟。20世纪初，陈长生来到上海发展，很快就声名远扬，这一时期的说唱表演被称为“醒世说唱”。陈长生在上海收了陈国安（陈长生之子）、杜宝林、周阿根等几名徒弟，将自己的独门技艺传授给弟子，后经过其弟子代代相传，梨膏糖说唱传遍了苏浙沪的广大地区。从20世纪20年代开始，陈长生的高徒杜宝林红极一时，影响力远超其师父，他艺名叫“小热昏”，因其名气大，众人便将梨膏糖说唱称为“小热昏”。于是，梨膏糖说唱由“醒世说唱”改称为“小热昏”。

第三节　常州小热昏

常州小热昏是小热昏艺术的代表性流派，20世纪二三十年代曾兴盛一时，当时常州的梨膏糖很有市场，常常可见售卖梨膏糖的艺人说唱小热昏，后来梨膏糖的市场逐渐萎缩，20世纪70年代以后小热昏艺术已难得一见，几近消失。

常州小热昏的表演灵活简便，有“单档”(一人)和“双档”(二人)之分，一只架子上摆着盛梨膏糖的百宝箱，艺人站在长凳上说唱(有时也站在地上说唱)，边表演边自我伴奏，伴奏乐器有小锣、三巧板、莲花板等。演唱程序主要有开场、卖口、唱曲、卖糖、长篇、送客等，演唱的曲调一部分来源于民间小调，如“青年调”“梨膏糖调”“杨柳青调”“相思调”“四季调”“新闻调”“哭七七调”“大补缸调”“小放牛调”等，一部分借用常州滩簧、锡剧等地方戏曲的曲调配词演唱。

常州小热昏用常州方言表演，唱词大众化、口语化，具有灵活性、地方性、趣味性的特点。现代版小热昏演唱的内容有社会新闻、政治笑话、历史故事、家庭轶事，间或插科打诨，讲一段笑话，以调动现场气氛。后来，小热昏部分段子被移植或改编用于独角戏、滑稽戏等节目的演出。从艺术发展史来看，常州小热昏是常州“道情”“唱春”“独角戏”“滑稽戏”等艺术形式的母体。

2008年9月，常州小热昏入选常州市第二批非物质文化遗产名录。2009年6月，常州小热昏入选江苏省第二批省级非物质文化遗产名录。2011年5月，常州小热昏成功入选第三批国家级非物质文化遗产扩展项目名录，成为国家级“非遗”。2018年5月，常州小热昏传承人叶莉莉入选第五批国家级非物质文化遗产代表性项目代表性传承人。

第十章　常州小热昏的传入与传承

第一节　常州小热昏的传入

如前文所述,小热昏起源于苏州,赵阿福是运用滑稽说唱卖梨膏糖的第一人。清光绪年间小热昏兴起之后,到清末民初小热昏已传至周边的苏南、上海和浙北地区,小热昏随着梨膏糖营生的传播也经苏州、无锡传到了常州。

常州最早的小热昏传承人是无锡盲艺人周阿根,周阿根于20世纪20年代到常州从事梨膏糖生意,在北大街开设了"小得利"梨膏糖店,该店是常州最早的梨膏糖专卖店。吴金寿是苏州人,于1927年随周阿根学艺,满师后在常州城隍庙一带单档说唱卖糖,1932年定居常州,其后代弟子有夏志清、王宣大、吴炳兆等。同一时期来常州卖梨膏糖的还有包云飞。包云飞是江阴人,早年随陈长生的儿子陈国安学艺,出师后便在常州定居做起了梨膏糖生意。中华人民共和国成立后,吴、包二人组织成立"街头艺人说唱卖糖合作社",1963年该社迁址南大街,并改店名为"百草香梨膏糖店"。后来的常州小热昏艺人多是他们的弟子,目前已有六代传人。现在还健在的常州小热昏艺人有叶莉莉、王立荣、沈春亭、吴品贵、徐杰、臧志新、洪平、杨牛根、蔡亚刚等。常州小热昏兴盛时期广受民众的青睐和欢迎,成为常州广大群众文化娱乐的主要内容。常州小热昏艺人曾一度走出常州,足印遍及苏北及沪、浙、皖、鲁等地(图10-1)。

图10-1　包云飞的传人表演小热昏（叶莉莉提供）

第二节　常州小热昏的传承

20世纪20年代至70年代的数十年间，是常州小热昏兴起和发展的利好时期，人们在挑选休闲食品和患感冒咳嗽时都习惯性地选用梨膏糖。因此，那时梨膏糖的需求量大，产销两旺，常州的街头、广场、码头时常可见小热昏表演。自20世纪80年代以后，梨膏糖逐渐失去市场，销量严重缩减，小热昏也淡出人们的视线，濒临消失。

为了有效地保护和传承常州小热昏，自2006年开始，常州市有关部门和小热昏艺人开始挖掘和抢救小热昏艺术，在开展普查、调研的基础上，积极申报“非遗”项目。2009年10月，包括小热昏在内的“江苏常州地方曲艺发掘抢救学术观摩展演及研讨活动”（图10-2）在北京成功举办。经多方努力，2011年，常州小热昏入选国家级非物质文化遗产扩展项目名录，属于急需保护的国家级濒危艺术品种，成为常州市的文化名片和艺术精品。2018年，在第五批国家级“非遗”传承人评选中，叶莉莉被评选为常州小热昏国家级代表性传承人。

图10-2　张怡、唐寅表演小热昏　（张怡提供）

第十一章　常州小热昏的艺术形态

常州小热昏在传承和发展中融入了苏南地方文化元素，在表演程式、唱腔音乐、唱词与说唱语言、伴奏乐器与伴奏音乐、道具与服饰等艺术形态上，具有鲜明的吴文化特征。

第一节　常州小热昏的表演程式

常州小热昏的表演形式分单档和双档两种，一人独立表演为单档，二人合作表演则为双档。与东北二人转一样，从事常州小热昏双档表演的大多是夫妻。传统小热昏在表演时，会选择一个较宽敞的场地，在一米多高的支架上支起一个木箱子(称“糖箱”或“百宝箱”)，箱里装着待卖的梨膏糖、服饰道具以及小锣、三巧板(也叫“三跳板”)、莲花板等伴奏乐器，旁边放一条长凳。常州小热昏的表演程式基本固定，大致可分为开场、卖口、唱短篇、卖糖、唱长篇、送客六个部分。

一、开场

“开场”是小热昏最先表演的部分，一般以敲锣和击三跳板为主，节奏明快，气氛热烈，意在招揽观众和积聚人气。小热昏艺人首先摆好架子和长凳，然后把百宝箱放在架子上。之后表演者从百宝箱里取出服饰道具穿戴整齐，然后手执乐器站在长凳上开始表演。“台、台、台、台”的小锣声响起，预示着表演已经开始，这时观众会因听见锣声而围过来。小热昏艺人看到观众聚得差不多的时候，就用“小锣赋”“三跳赋”等基本调开始表演起来(图 11–1)。

图 11–1 “开场”表演 (张怡提供)

二、卖口

“开场”结束后便开始表演“卖口”，“卖口”以说故事、讲笑话为主，表演幽默滑稽。为了吸引围观的群众，一开始小热昏艺人都会讲一些人们熟知且有趣的故事和笑话，其间会时不时敲击小锣加以间奏来吸引和聚集客人。每当小热昏艺人看到客人达到一定数量就会停止表演，乘机售卖梨膏糖块，卖一会儿糖以后又接着讲故事和笑话。为了不让顾客流失，表演者会采用卖糖与表演交替进行的方式，利用观众的好兴致、好心情来销售梨膏糖。小热昏艺人有一个非常厉害的技巧，他们会随着观众的情绪变化来随机变换说唱的内容，而且十分注重用精彩、滑稽的表演来留住观众。“卖口”表演具有鲜明的即兴性，表演者需要储备很多素材，能敏锐地察觉观众的反应，具备很强的随机应变能力(图 11–2)。

图11-2 “卖口”表演 （王政摄）

三、唱短篇

“唱短篇”以简短的说唱为主，内容多围绕梨膏糖的功用与好处，最常用的唱词如下：

敲起小锣铛铛铛，初到贵地借个光。
一拜宾朋与好友，二拜先生和同行。
小小方块梨膏糖，吃到肚里驱寒凉。
诸君各位若不信，送你一块尝一尝。
男人吃了我的梨膏糖，一觉睡到大天亮。
女人吃了我的梨膏糖，一肚生出俩儿郎。
姑娘吃了我的梨膏糖，嫁个丈夫开银行。
瞎子吃了我的梨膏糖，睁开眼睛打麻将。
聋子吃了我的梨膏糖，茶馆里头听小唱。
哑巴吃了我的梨膏糖，马上开口唱二簧。
瘫子吃了我的梨膏糖，大清早上爬城墙。

常州小热昏的“唱短篇”中采用的腔调一般都是江南地区的民间小调，如“春调”“紫竹调”“叫货调”等。“唱短篇”一般分为两种，一种是一人单独说唱，另一种是一人主唱、另一人辅唱。艺人表演过程中会运用很多表现手法，比如误会、巧合、自嘲、褒贬等，通过这些手法来吸引和逗乐观众。“唱短篇”的说唱表演有较大难度，说唱节奏快，口齿要清晰，还要注意观察观众，要随时跟着观众的情绪变化而变换表演手法和说唱内容。

四、卖糖

“唱短篇”表演到精彩部分的时候，场地上往往已集聚了很多观众，这时艺人又会停止表演，再次从百宝箱里面拿出梨膏糖进行介绍和售卖。正在兴头上的观众为了接着看艺人的表演，加上嘴里嚼着糖块看演出也是不错的享受，因此很多观众都会掏钱购买。卖糖人这时会随机应变，见好就收，又接着表演，满足观众的需求。如此反复多次，卖糖人卖力地表演、高兴地卖糖，观众口嚼糖块尽兴地观看，直到梨膏糖售卖得差不多为止（图11-3）。

图11-3　说唱小热昏卖梨膏糖　（叶莉莉提供）

五、唱长篇

在梨膏糖基本卖完的时候，小热昏艺人再表演一段长篇唱段，以答谢观众看表演和买糖块，俗称“唱长篇”。其内容多选自经典名著、神话传说和新闻故事，唱腔较自由，九腔十八调都可使用，常演曲目有《白蛇传》《济公传》《珍珠塔》等。有时艺人也会表演一段耳熟能详的苏南地方小戏，如锡剧、苏剧、滑稽戏的折子戏，很受观众喜爱。

六、送客

“送客”是指在表演结束时，小热昏艺人伴着说唱有礼貌地送走观众和买糖客人。待客人走完散尽，艺人便开始收拾演出装备，清理场地，结束表演和卖糖活动。

第二节　常州小热昏的唱腔音乐

常州小热昏与梨膏糖相伴相生，是典型的民间艺术。常州一带属于吴文化的核心区，常州小热昏在历史传承中吸收了苏南地区的艺术元素，具有鲜明的苏南韵味。其唱腔音乐大多来自地方民歌、戏曲和曲艺音乐，有时也采用流行音乐曲调，选用较为自由。常州小热昏的唱腔音乐按照其功用和特点，大致可归为基本调与杂调两类。

一、基本调

基本调是常州小热昏表演开始阶段的基本唱腔音乐，属于节奏、速度随机变化的板腔体结构，说唱结合、似说似唱，音乐性稍弱，曲调变化自由，旋律以级进和三度跳进为主，有时也采用六度以上的大跳，喜欢用前倚音和滑音加以变化和装饰，说唱中用小锣和三跳板加以间奏，来丰富说唱的表现力。基本调多采用民族五声调式音阶和六声调式音阶，徵调式最多见，羽调式和角调式次之。基本调都以“赋”来冠名，用小锣伴奏的称为“小锣赋”（附录中的曲谱一），用三跳板伴奏的称为“三跳赋”。

二、杂调

杂调是兼收并蓄各种地方民间音乐和戏曲、曲艺音乐的唱腔曲调，如“梨膏糖调”“卖货调”“十杯酒”“醒世曲”“杨柳青”“梳妆台”（附录中的曲谱二）等。杂调音乐为旋律固定的曲牌体，表演者可根据自身嗓音条件来移调演唱，这类曲调在“唱短篇”和“唱长篇”程序中可随机出现。杂调音乐的音乐性较强,以唱为主,采用民族五声调式,徵调式、羽调式和宫调式最多见。杂调常用前倚音、间奏和虚词加以装饰和补充,曲调婉转优美,为百姓所熟悉和喜爱,是小热昏表演最深入人心的部分。

第三节　常州小热昏的唱词与说唱语言

一、唱词

常州小热昏的经典曲目一般在固定环节表演，其唱词和唱腔固定，不能随意篡改。除此之外，更多的说唱内容是表演者根据观众的反应、现场环境、社会现状等即兴编创，类似脱口秀。唱词内容既要与当时人们的兴趣密切相关，又要通俗易懂，上下句押韵，朗朗上口。小热昏的唱词多用四字句、七字句和长短结合句，说唱口语中习惯加入衬词，说、唱、演结合，表演惟妙惟肖（图11-4），让围观群众听得有趣、看得入神，不愿离去，如“新闻调”的唱词：

图11-4　叶莉莉说唱小热昏
（刘廷新摄）

说起（里格）新闻，话（啊）起（啊）奇闻，
新（啊）闻会唱啥（格）正（啊）经，
啥府啥县啥（格）乡村。
三皇五帝，掌立乾（啊）坤，
唐宋（格）元（啊）明，直到大清。

大清(格)天下,让拔革(勒)命,
革命(里格)当选,各国(格)赞成。
此(啊)人(格)姓盛,名(啊)叫(格)杏生。
唱到(格)此(啊)地,停(啊)格一(勒)停,
卖脱二块,再唱后本。

二、说唱语言

梨膏糖主要产销于江苏的苏锡常地区,当地百姓是梨膏糖的主流消费群体,“接地气”是常州小热昏的最大特点。因此,使用方言说唱是小热昏的必然选择。常州是吴文化的发源地之一,民间通行吴语,吴侬软语,清新柔美,小热昏艺人在苏南一带流动摆摊说唱、交流毫无障碍。常州方言的儿化音多,如“鞋儿”“帽儿”“月牙儿”,唱词喜欢采用韵脚*o*、*u*、*en*、*ang*、*eng*等,经常用下滑音加以装饰,其音调变化较小,一般不超过一个八度。这样的唱词特点和语言结合起来,使得常州小热昏的表演具有浓郁的苏南地方特色,韵味十足,让当地百姓倍感亲切,也会令外地观众感受到常州小热昏的独特魅力。

第四节　常州小热昏的伴奏乐器与伴奏音乐

一、伴奏乐器

传统的常州小热昏表演较为自由，表演场地随意、简陋，单档或双档最为多见，表演说唱结合、以说为主、自伴自唱（偶有专门伴奏人员）。其伴奏乐器相对单一，以轻便的打击乐器为主，旋律乐器为辅。笔者注意到，常州小热昏最常使用的伴奏乐器是小锣，无论是单档还是双档，都会使用小锣伴奏。其他伴奏乐器还有三跳板、莲花板、单皮鼓、二胡、手风琴等（图11-5），使用因人因地而异。一般来说，单档表演时必定用小锣伴奏（可能是小锣声音大、传得远，易引起路人关注的缘故），双档表演时一人用小锣伴奏，另一人用三跳板伴奏，有时也换着用莲花板和单皮鼓伴奏。因表演者个人技艺所长和表演的需要，也有人使用二胡、手风琴等旋律乐器伴奏，以增添表演的旋律性和表现力。

图11-5　常州小热昏常用伴奏乐器
（刘廷新摄）

二、伴奏音乐

常州小热昏说唱与伴奏相间，互为补充，形成一个艺术整体。一般情况下，说唱时不奏，伴奏时不说唱。其说唱的节奏有序，吟唱韵味十足；伴奏以轻快的节奏音乐为主，旋律性不明显。在最开始的“开场”环节中，为了吸引路人关注和招揽顾客，小热昏艺人会有一段较长的小锣或三跳板的演奏。表演者手执小锣或三跳板，使出浑身解数，节奏音乐时快时慢、时急时缓、时强时弱，锣声、板声清脆明亮，变化丰富，熟练的表演者还会将练就的“飞锣”“连击”等绝技展示给众人(图11-6)。人们会寻着锣声围拢过来，小热昏场地上不一会儿工夫就会聚集起众多观众，为之后的卖糖环节积淀了人气。

图11-6　小热昏的伴奏　(刘廷新摄)

常州小热昏的说唱中常出现间奏音乐，虽然间奏音乐不长，但其作用至关重要：一是对曲目进行分段或分句处理，让听者有小结和终止感；二是为表演者提供思考时间，为下一段说唱内容做构思和设计；三是为表演者提供短暂的调整和休息时间，以防表演时间过长而体力不支。常州小热昏的间奏音乐规整有序、简洁明快，听着舒适自然，平顺流畅(如附录中曲谱七《吹牛山》的间奏音乐)。

第五节　常州小热昏的道具与服饰

一、道具

常州小热昏的传统功能是为了兜售梨膏糖，小热昏艺人为了方便携带和售卖梨膏糖，便设计了糖箱（又称“百宝箱”）及其支架（图11–7）。到达表演场地后，艺人将糖箱放在支架上，糖箱正面写着小热昏艺人的艺名和名号，并注明梨膏糖的标号和品牌。表演开始前，艺人从糖箱里取出伴奏乐器和道具，以备表演使用。待表演一段时间后，艺人打开箱子取出糖块开始卖糖，如此反复。为了方便众人观看，小热昏艺人还配有一条长凳，表演时站上长凳以增加高度。除此之外，常州小热昏的道具还有瓜皮帽（图11–8）、折扇、醒木等。和普通瓜皮帽不同的是，常州小热昏艺人佩戴的瓜皮帽往往会在脑后部添加一根长辫子，以显示传统艺人的装扮。

图11–7　梨膏糖糖箱和支架（刘廷新摄）

图11–8　瓜皮帽　（刘廷新摄）

二、服饰

当今，随着小热昏表演场合和用途的变化，小热昏艺人表演时的服饰也发生了一些改变。一般来说，每遇重大活动、节庆和专业性表演时，小热昏艺人身着传统服饰，男性身穿长衫、头戴瓜皮帽，女性身穿旗袍或者短古装，各人手执一样伴奏乐器，自击自唱（图11-9）。在诸如常规性讲座、宣传和临时性表演等场合时，小热昏艺人可以着正装或者便装表演。除服装要求之外，常州小热昏艺人无论男女都不再进行其他装饰，凸显清新自然和简约的装扮风格，具有强烈的生活化气息（图11-10）。一般情况下，常州小热昏艺人在表演时脸部是不化妆的，但在一些特殊场合和重要演出时，表演者会进行专门化妆，只是与戏剧演员的化妆比较，要简单、粗糙许多。

图11-9　自持乐器表演小热昏　（叶莉莉提供）

图 11-10　便装表演小热昏　(王政摄)

第十二章　常州小热昏的遗存与现状

第一节　常州小热昏的遗存

常州小热昏是小热昏艺术的优秀代表，不仅是国家级、省级和市级“非遗”，而且在民间尚有一定数量的老年观众。历代常州小热昏的传人包云飞、吴金寿、范兆余、吴品贵、赵启明、叶莉莉、蔡茂山、洪平、蔡亚刚等人在困境中传承着这门技艺，延续了小热昏艺术在常州的遗存。

据常州地方史料记载，常州小热昏在兴盛时期曾广受民众的青睐和欢迎，成为苏南地区广大百姓文化娱乐的主要内容。常州小热昏艺人曾一度走出常州，足印遍及苏北盐城、海门、南通及浙、皖等地。城市的船埠、车站、菜场，农村的集市、庙会、广场和庭院，经常回荡着常州小热昏艺人铿锵的锣鼓声和高亢清脆的说唱（图12-1）。由于社会的变迁与发展，常州小热昏几经沉浮，目前，尚有部分艺人操守着这一技艺，我们仍能在有关活动中看到小热昏的精彩表演。

图12-1　美食文化节上的小热昏（王政摄）

第二节　常州小热昏的现状

近年来，本课题组人员在密切关注、收集常州小热昏保护与传承信息的基础上，以传承人为依托开展研究工作，采用召开座谈会、实地访谈、现场观摩等形式，重点对小热昏进行了跟踪考察和调研，真实地感知到了常州小热昏的传承与保护现状。

小热昏流传于常州全境，历史上曾兴盛一时，具有较好的群众基础。常州小热昏是常州曲艺中唯一的国家级“非遗”，地位独特，也是本课题组研究的重点对象。常州小热昏现有国家级和省级传承人叶莉莉，市级传承人范兆余、洪平、芮红、马枕霞、袁小春、芮佳6人，另有区级传承人和民间艺人10余人。其中，叶莉莉和范兆余是常州小热昏第四代传人，其余为第五代、第六代传人。马枕霞（图12-2）和袁小春是叶莉莉的两名得意高徒，也是没有从事梨膏糖生产经营的专职文艺工作者，二人能唱演多种地方戏曲和曲艺，有着丰富的舞台经验和扎实的表演功底，跟叶老师学艺后进步很

图12-2　叶莉莉与弟子马枕霞表演小热昏　（叶莉莉提供）

大，没多久就能登台表演了，现已成为常州小热昏的中坚力量，常随师父去各地表演小热昏，深得观众喜爱。

常州市各级政府十分重视小热昏的保护与传承工作，平常与叶莉莉老师保持着密切联系，在资金和政策上给予必要的扶持，每有重大活动会请叶老师带着弟子去表演。近几年，在政府和传承人的共同努力下，常州小热昏的足迹遍及江苏省内外。叶老师带着弟子在南京博物院举办过常州小热昏专场表演，也开讲过“小热昏与梨膏糖”的“非遗”讲座，还曾北上北京，南下香港，向众多观众展示了常州小热昏的独有魅力。现在，在常州市的民间习俗或各种活动中，时常也能看到小热昏的展演，已消失数十年的常州小热昏近年正逐步复兴，一批老年曲迷又能观赏到儿时耳熟能详的街头艺术小热昏了。最近，在本课题组的协助和努力下，叶莉莉老师积极与相关职能部门联系、协商，得到了政府和相关单位的支持，在常州市内的中小学校建立了“常州小热昏实践基地”，选拔出一批有兴趣的学生组成常州小热昏兴趣班，定期指派小热昏传承人到学校向学员传授小热昏技艺，为常州小热昏培养未来的传承人(图12–3)。

图12–3　小热昏与梨膏糖激发了小朋友的兴趣　(叶莉莉提供)

同时，经过多方努力，叶老师与新北区飞龙中学全面合作，在飞龙中学建立了“常州小热昏飞龙中学传承基地”。基地建设主要内容包括开办“小热昏传承班”、创建“常州小热昏与梨膏糖陈列馆”（图12-4）、设立“常州小热昏展演厅”。

图12-4　常州小热昏与梨膏糖陈列馆　（魏旦华摄）

目前，“小热昏传承班”已开班上课，一批对小热昏有兴趣的青少年正接受叶老师的亲自指导（图12-5）；“常州小热昏与梨膏糖陈列馆”已开工建设，一期工程已基本完工，不久将完成后期工程的

图12-5　叶莉莉在“小热昏传承班”上课　（周进摄）

建设;“常州小热昏展演厅”也在同期建设中,完工后将成为常州市第一个固定、专用的小热昏展演厅。“常州小热昏飞龙中学传承基地”建设完成后,将为常州小热昏的保护与传承提供良好的设施和平台,作用不可估量。

第十三章　常州小热昏的生态危机与保护

第一节　常州小热昏的生态危机

虽然常州小热昏已是国家级“非遗”，但要扶持起来困难不小。现实中小热昏已淡出了人们的生活，在常州的街巷和农村已很难见到小热昏表演，许多人未曾听说过小热昏，不知小热昏是何物。为研究常州小热昏，本课题组通过查阅史料、阅读文献和观看视频，积淀了一定的研究基础。同时，本课题组还分别采访了叶莉莉、蔡亚刚、洪平、杨牛根等常州小热昏传人。从他们的叙述中得知，常州梨膏糖的行情日渐衰落，小热昏艺术也就没有了生存空间，现在常州为数不多的卖梨膏糖的人几乎不会小热昏表演，能表演的艺人大多年事已高，表演水平已大不如前。尽管小热昏艺人与研究工作者在抢救、整理和研究上做了大量工作，取得了一定成绩，但常州小热昏仍存在诸多生态危机。

一、受到外来文化的冲击，生态环境失衡

在现代文明高速发展的今天，外来文化对传统文化的影响日趋严重。年轻人崇尚外来文化，追求时髦，对中国传统文化的关注不够，而政府的宣传和保护力度有限，导致传统文化没有立足之地。常州小热昏受到的冲击尤为严重，已面临消失的境地。

二、受多种因素的影响，从业者寥寥无几

要学好小热昏并不容易，学习者需要具备“说、学、逗、唱”的能

力，还要有一定的文化知识水平，据说没有3年的磨炼是不能单独表演的，能学成者寥寥无几。在市场经济大潮和现代生活方式的影响下，小热昏从业者微薄的经济收入和单调、枯燥的演艺生活使一些艺人弃艺经商，人才流失严重，只有老艺人们还在坚守这一艺术。

三、艺术形式传统单一，失去了消费群体

现代人的娱乐消遣活动呈时尚化和多元化特点，许多人的业余时间都用在现代娱乐方式上，而常州小热昏在表演形式、内容、风格等方面传统化、单一化，艺术性、观赏性和时代性不足，渐离现代人的欣赏口味，失去了众多欣赏者和消费群体。

四、缺乏资金扶持，影响艺人的积极性

小热昏艺人多是个体发展，没有固定经济来源，表演属于自发行为，经费全靠自筹和赞助，平添了艺人的经济负担和发展难度，政府的重视、扶持和适当的经费资助显得尤为必要，这些因素都会影响到艺人们的积极性和坚守这一行业的信心。

五、指导培训不够，创编表演能力受限

小热昏艺人的文化程度偏低，导致他们接受新知识、学习和创造新技能的意识不强、能力不高，在创编、演唱、演奏、表演等艺术方面水平有限。加强指导，组织培训，提高其创编和表演水平是必不可少的环节。

六、传承方式单一，语言受众有限

小热昏艺术多在民间传承，以口传心授为主，方式单一，加上

使用常州方言演唱,能欣赏这门艺术的观众有限。而“小热昏”的噱头和笑点是其艺术的精髓,由于语言的受众有限,导致其艺术魅力大打折扣。

七、生态保护区缺失,保护传承乏力

生态保护区是为了使非物质文化遗产获得生存空间而设立的特殊保护区域,可以有效推动非物质文化遗产更好地融入当代、融入大众、融入生活,有助于非物质文化遗产的保护与传承。受诸多因素的影响,当地政府目前还没有建设常州小热昏生态保护区的规划,政府主导的传承基地的建立也遥遥无期,导致常州小热昏缺乏良好的生态保护环境。自我生存将是常州小热昏未来一段时期面临的严峻考验。

第二节 常州小热昏的文化生态保护途径

“文化生态保护”指通过实施一定的措施对文化环境进行针对性保护,使文化事项赖以生存的环境不受损坏,从而使文化事项能够得到良好的发展与传承。其内容包括两个方面:一是整个民族的文化生态保护,二是某个民族、区域的某类文化或特定文化的保护。目前,学者们就我国的文化生态保护提出了五个原则,即政府主导、形成合力的原则,鼓励与倡导的原则,保持“个性”的原则,传统与创新相统一的原则,统筹规划、循序渐进与协调发展的原则。

以文化生态保护的五个原则为指导,结合常州小热昏的生存现状,笔者认为,常州小热昏文化生态保护的有效途径主要表现在以下几个方面。

一、管理规范化、科学化

曲艺(说唱)艺术的传承以人为主要载体,需要发挥人的主观能动性。对常州小热昏艺术进行规范化和科学化的管理,是小热昏保护与传承工作的首要工程。

(一)设立专门的管理与研究机构

管理机构和研究机构是民间艺术保护工作的关键所在,国内许多地方的实例已经证明了这一点,如安徽省的“黄梅戏艺术研究中心”“庐剧研究会”“泗州戏艺术研究会”,福建省的“福建省社会科学研究基地南音研究中心”、南平市的“邵武市三角戏(傩舞)民俗文化研究中心”、莆田市的“莆仙戏艺术传承保护中心”等,在民间艺术的传承和保护中发挥了积极作用。笔者建议相关部门应坚持“政府主导、社会参与、长远规划、分步实施、职责明确、形成合力”的工作思路,依托江苏省和常州市非物质文化遗产保护单位的资源,设立“常州小热昏研究会(所)”,抽调政府、文化部门相关领导和专家参与管理,组织小热昏骨干组成专门班子,专职从事常州小热昏的研究和保护工作。此外,还应安排专门的办公场所,明确工作职责,完善管理法规和制度,保证常州小热昏的传承和保护工作落实到位。

(二)建立常州小热昏数据库

数据库是计算机应用系统中的一种专门管理数据资源的系统,能够为多个用户所共享,数据的形式有文字、符号、图形、图像以及视频与音频等。其优点是储存量大,文字、数据和图片的处理便捷,易于管理。当前,数据库已经被广泛运用于民间艺术的研究。我们可以组织专人对常州小热昏的各种资料进行记录、收集和整理,按乐谱、文字、照片、录像、录音等分类进行保存,建立起常州小热昏的专用数据库系统,并不断丰富数据库资料,这样做既利于常州小热昏的保护又便于对其进行深入研究。

二、传承与保护多元化

当今社会对艺术文化的影响源于各种因素,在传承和保护工作中需要从多方面入手,实施多元化的传承和保护机制。

(一)保护和培养传承人

民间艺人是常州小热昏的主要传承者和创造者,他们精通常州小热昏艺术,掌握着常州小热昏的独门绝技,在群众中具有较高的威望和影响力,在常州小热昏的保护中具有不可替代的重要作用。我们可以仿照外地的做法,对小热昏艺人进行普查和建档,按照其技能的高低和影响的大小分别授予“传承大师”“传承师”“传承人”等称号，对世代从事常州小热昏的家庭授予“传承世家”的荣誉，并给予他们一定的社会地位和经济待遇，使他们衣食无忧，能够专心带徒授艺（图13–1）。

图13–1　马枕霞、袁小春二位传承人表演小热昏　（叶莉莉提供）

（二）设立“文化生态保护区”

相关部门可依照常州小热昏的影响力和良好的群众基础，借鉴外地的做法，设立“常州小热昏文化生态保护区”，投入一定的人力物力进行重点扶持，并在资金和政策上给予倾斜，使这一区域的常州小热昏得到更好的保护和传承。

（三）重点扶持代表性艺人

政府可重点扶持一批还在从事梨膏糖制作和小热昏表演的代表性艺人，如第四代传人叶莉莉，第五代传人马枕霞、洪平、蔡亚刚、杨牛根、袁小春等，明确要求他们承担起保护和传承常州小热昏的重任，每年要开展适量的小热昏表演，鼓励他们对小热昏进行挖掘、创编和创新，并在政策、资金和培训等方面给予支持；同时，对于为保护和传承常州小热昏做出贡献的个人和组织定期进行表彰和奖励，营造一种保护和传承常州小热昏的良好人文氛围和社会环境（图13–2）。

图 13-2 “蔡天赐”梨膏糖传承人的小热昏表演 （蔡亚刚提供）

（四）充分利用传播媒介和传承载体

传播媒介和传承载体是常州小热昏传承机制的组成部分。在现代社会中，相关部门应充分利用各种传播媒介和传承载体，发挥其传承小热昏的功能，如充分利用电视、电台、报纸、网站、剧场等媒体传播小热昏。以旅游为传承载体，将常州小热昏纳入常州市的旅游业中，这样做既可丰富旅游的内容，也使常州小热昏因此产生经济价值而获得生存土壤。

（五）创新传承方式和方法

常州小热昏传统的传承方式是师徒传承和家族传承，传承方法主要是口传心授。在传播技术十分发达的今天，我们可以举办小热昏培训班和传习所进行传承，传承手段有观赏录像、听录音、看电视、上网浏览等。另外，还可以通过举办“非物质文化遗产日活动”“民间艺术节”“民间曲艺展演”“民间曲艺进校园（社区、企业）活动”“旅游节民间艺术表演”以及其他重大节庆活动等方式来展示和传播常州小热昏艺术（图 13-3）。

图13-3 曲艺进社区宣传表演 (王政摄)

(六)纳入学校教育

当地教育部门可以考虑将常州小热昏纳入常州市的艺术教育之中,让常州小热昏走进学校、走进课堂。例如,在高校可以开设“地方传统艺术欣赏”选修课;在中小学里,艺术课教师可以将常州小热昏的内容加入课堂中;也可以成立常州传统艺术兴趣班,普及和传播常州小热昏,培养常州小热昏的传承人。

三、研究制度化、系统化

(一)资助研究项目与成果

常州市各级政府应划拨专项资金用于小热昏的研究,对与小热昏有关并获得省级以上立项的项目进行资助。此外,还可在常州市的社科资助项目中开设与小热昏研究相关的选题,挖掘社会力量为常州小热昏保护出谋划策,对质量较高的相关专著、论文、调查报告等研究成果进行资助和奖励。

(二)充分利用人才资源

政府可充分挖掘和利用国内长于小热昏研究的专家、学者,整合常州市文化部门、高校中有志于小热昏研究的专业人士,联合小热昏艺人等人才资源，以“研讨会”“学术沙龙”“交流活动”“艺术展演”等形式进行交流和沟通，充分发挥他们的学术研究专长，在常州小热昏的研究中多出成果、快出成果、出好成果(图13–4)。

图13–4　小热昏传承人交流表演　(王政摄)

(三)注重资料收集

相关部门应组织常州市内的专门力量深入民间进行调研，了解常州小热昏的现状，广泛收集资料，细致、完整地进行登记和造册，将文字、照片、图片、乐器、道具、服饰、曲谱等静态资料和录音、录像、磁带、影碟等动态资料分类整理和保管，并将所有资料进行复印、拍照和录像，完善常州小热昏的“数据库”和“博物馆”建设。

四、传统与创新协同化

当今，人们的文化欣赏口味发生了根本变化，包括常州小热昏在内的许多传统艺术日渐被人们淡忘或遗弃，造成文化生态失衡，也带来了常州小热昏的生存危机。中国艺术研究院刘文峰研究员说：“传统艺术要保持长盛不衰，一是艺术手段要更新，二是表演内容要与老百姓息息相通。中国传统艺术能延续千年，就是不断地吸收民族的甚至是外来的艺术营养，不断推陈出新。”在保持原有特色和形态的基础上对常州小热昏进行适当的加工和创新，提高艺术性，增强观赏性，使之符合时代需求并赢得观众，是常州小热昏得以延续和恢复生态平衡的唯一途径(图13–5)。

图13–5 传统小热昏表演 (王政摄)

(一)说唱语言的多样化

常州小热昏使用地道的常州话说唱，常州话属吴方言中一个支系，与普通话差异很大，外地人很难听懂。常州话虽然同苏南其他城市以及上海、浙北等地的语言大致相近，但部分语调和用词不尽相同，一些地方的方言存在较大差距，加上小热昏演唱时影响了听辨效果，使得一些外地观众难以听懂唱词内容，导致小热昏的搞笑和噱头失去意义，严重减损了其艺术魅力和观赏性。因此，在语言的使用上要注意观众群体，应因地因人而异，语言不通会造成传承区域的局限。笔者建议：观众是本地人时用常州话演唱，这样既保持了常州小热昏的原汁原味，让常州人听来亲切，又便于演员随意表达和发挥；若观众对常州话理解有困难，则应采用当地话或者普通话说唱，让观众明白话语，了解剧情而产生共鸣，真正感悟到常州小热昏的艺术魅力。

(二)增强伴奏的表现力

常州小热昏大多采用小锣、三巧板和莲花板伴奏，一人表演时只用一面小锣或者三巧板伴奏，节奏性强，旋律性差，显得单调，缺乏表现力，观赏性和艺术感染力不强，难以赢得观众的青睐。叶莉莉、杨牛根和马枕霞等艺人曾经在常州工学院的一次表演中同台说唱，在伴奏中尝试加入二胡，使小热昏说唱有了旋律乐器的辅助，收到了较好的效果。另外，杭州小热昏表演已有明显的舞台化趋势，著名小热昏传人周志华和徐筱安表演时曾采用小型民乐队伴奏，伴奏音乐的旋律性很强，音色配置丰富，气氛热烈，表现力强，大大提升了小热昏的艺术感染力，效果很好，值得常州小热昏的从业者们借鉴和思考(图13–6)。

图13–6　自伴自演小热昏　(叶莉莉提供)

(三)创作和表演要顺应时代

常州小热昏的创作和表演要在继承传统的基础上有针对性地进行创新。所谓继承传统主要是在艺术形式、艺术风格等方面保持原有形态。创新是指对小热昏的剧本、唱腔、伴奏、表演、服饰、道具等进行提炼、加工和变革，创编具有时代气息的新唱本等，从而达到简练生动，艺术性、娱乐性、观赏性强的效果，使观众易于接受（图13–7）。

图13–7 小热昏传承人蔡亚刚接受采访 （蔡亚刚提供）

“文化生态保护”是近年出现的新生事物，是融文化学、生态学、社会学、人类学、民族学等多种学科知识为一体的基础性研究。当前，在文化生态保护领域，成熟的学术理论尚未形成，国内关于“文化生态保护”的研究还处于探索之中，没有成型的可借鉴模式。本章关于常州小热昏文化生态保护的论述，仅限于项目组近年关注常州小热昏的所思所想。

第十四章　常州小热昏的师承关系

第一节　常州小热昏的历史流变

清朝末年小热昏在苏州起源以后，至20世纪20年代已传入苏南各地，常州的外来商人周阿根、包云飞、吴金寿和本地商人蔡济世等创立了各自的梨膏糖市场和小热昏支系。在当时娱乐方式单一的社会背景下，小热昏成了常州百姓最喜爱的娱乐消遣之一。

通过查阅文献和对传承人进行采访得知，最早将小热昏带到常州的是无锡盲艺人周阿根，其后出现的小热昏艺人有吴金寿和包云飞等。常州小热昏经吴金寿、包云飞的发扬光大，代代相传，今天已枝繁叶茂，其弟子和再传弟子共有三代，数十人，范兆余、吴品贵、蔡茂山、叶莉莉、洪平等小热昏传人声名远扬。常州小热昏作为小热昏的代表性流派，2009年入选江苏省非物质文化遗产名录，2011年入选国家级非物质文化遗产扩展项目名录。

常州小热昏历经百年发展和演变，总体存在两个特征。一是依然保持传统艺术形态：唱腔音乐多源自“无锡景”“哭七七”“茉莉花”等地方小调和锡剧、苏剧、滩簧等民间戏曲，演唱曲调有“梨膏糖调”“三七赋”“三跷赋”“小锣赋”“新闻调”“杨柳青”“苏武牧羊调”“相思调”“四季调”“十劝世人”“醒世曲”“叫货调”等几十种之多；表演依然以单档和双档为主，一条长凳、一只糖箱、一副支架、一面小锣、一副三巧板组成全部家当，艺人身穿长衫（或传统短衫）、头戴瓜皮帽、敲着小锣就可表演起来；表演依然按照开场、卖口、唱短篇、卖糖、唱长篇、送客的程序依次进行（图14–1），以《水果

图14-1　常州小热昏街头表演　(王政摄)

做亲》《卖梨膏糖》《除四害》《一条黄瓜三扁担》等传统曲目为主，新创的曲目并不多见；每次表演都会说上那几句“啥人吃了我的梨膏糖，养个伲子白又胖”“啥人吃了我的梨膏糖，肚里厢蛔虫全死光”“啥人吃了我的梨膏糖，一夜困到大天亮”“啥人吃了我的梨膏糖，财源茂盛通三江”等。二是小热昏没有走上专业舞台，依然属于草根艺术，仍与梨膏糖密不可分。作为一种衍生于民间的艺术形式，小热昏始终没有离开原有的生存空间，依然伴随售卖梨膏糖而生存繁衍，以普通百姓为消费对象，以简洁的形式、典型的说唱内容、滑稽的表演、鲜明的地方特色赢得观众和市场。在常州一带，无论乡村还是城市，表演小热昏的地方一定可以买到梨膏糖。小热昏没有像其他艺术一样走上市场化、商业化之路，而是很好地保持了原生态，具有传统、古朴的艺术特性。

第二节　常州小热昏师承关系的梳理

通过查阅历史文献和传承人口述资料可以知晓：当今，无论官方还是民间，均把陈长生作为常州小热昏第一代传承人。然而，笔者查遍史料也没有找到任何陈长生、陈国安父子来常州卖糖的依据。出于遵从既成事实的角度考虑，依照陈长生为第一代传人来算，目前常州小热昏已传承了六代。

按照陈长生为常州小热昏的第一代传人来算，第二代传人便有陈国安（陈长生之子）、周阿根，以及依照时间推算的常州家传小热昏艺人蔡济世，第二代传人共3人。第三代传人有陈国安的弟子包云飞、陈丽娟（包云飞妻子），周阿根的弟子吴金寿，以及蔡济世的儿子蔡元兴，共4人。第四代传人有吴金寿的徒弟夏志清，包云飞的徒弟范兆余、沈金大、吴品贵、叶莉莉、赵启明、王萍、杨华文、张俊贤、臧志新等，以及蔡元兴的儿子蔡茂山，共25人。第五代传人是上述第四代传人的弟子，共有王荣生、芮燕青、洪平、杨牛根、马枕霞、袁小春、蔡亚刚等40多人（图14-2）。第六代传人是近20

图14-2　叶莉莉、杨牛根、马枕霞等传承人参加交流会　（张元摄）

年以来入行的年轻人,由于社会大环境的影响,入行者寥寥,而且均是家传弟子并且是做兼职,本项目组能统计到的仅有蔡氏家族中的蔡俊和陈东升二人。

依据上述常州小热昏的传承脉系,我们采用图谱的形式来列示常州小热昏的师承谱系。由于常州小热昏的师承关系复杂,人数较多,下文分四张图列出其传承关系,图14-3为常州小热昏第一代至第三代传承谱系图。

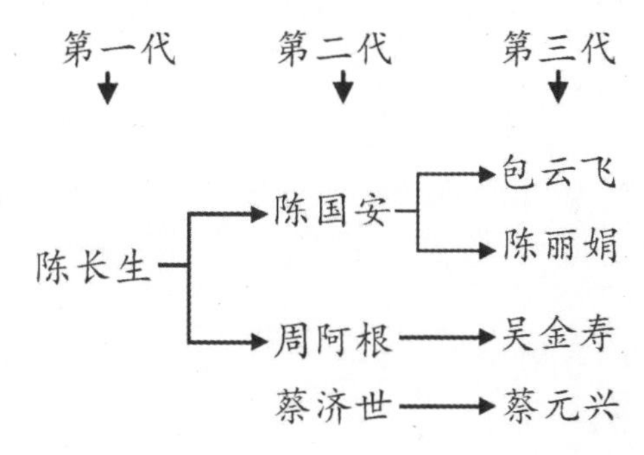

图14-3 常州小热昏第一代至第三代传承谱系图

有资料记载,常州最早出现小热昏是在20世纪20年代初,无锡人周阿根在常州城隍庙(今中山纪念堂)摆摊卖糖,身为盲人的周阿根凭借做糖的好手艺和出色的表演才能,很快赢得了市场。数年后,为了方便打理梨膏糖生意,周阿根收了苏州人吴金寿做徒弟。师徒俩人为了梨膏糖生意,均在常州定居下来。

之后,吴金寿又收了夏志清为弟子,夏志清又培养了吴炳兆、王宣大等常州本地小热昏艺人,形成了常州小热昏的吴金寿师承体系(图14-4)。由于包云飞师承体系的人数众多,特将其分成两张图来列示(图14-5、图14-6)。

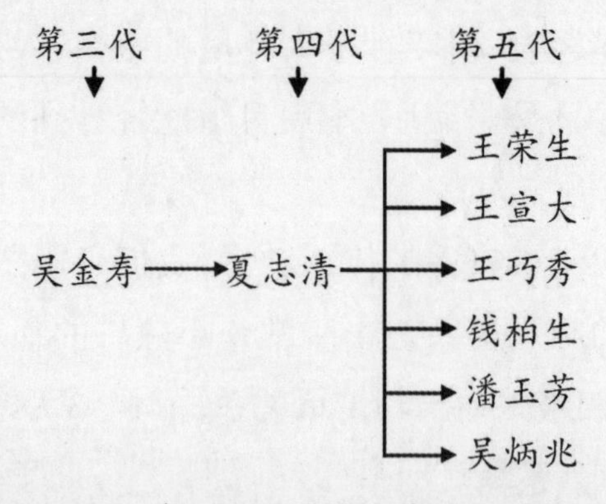

图14-4 常州小热昏吴金寿传承谱系图

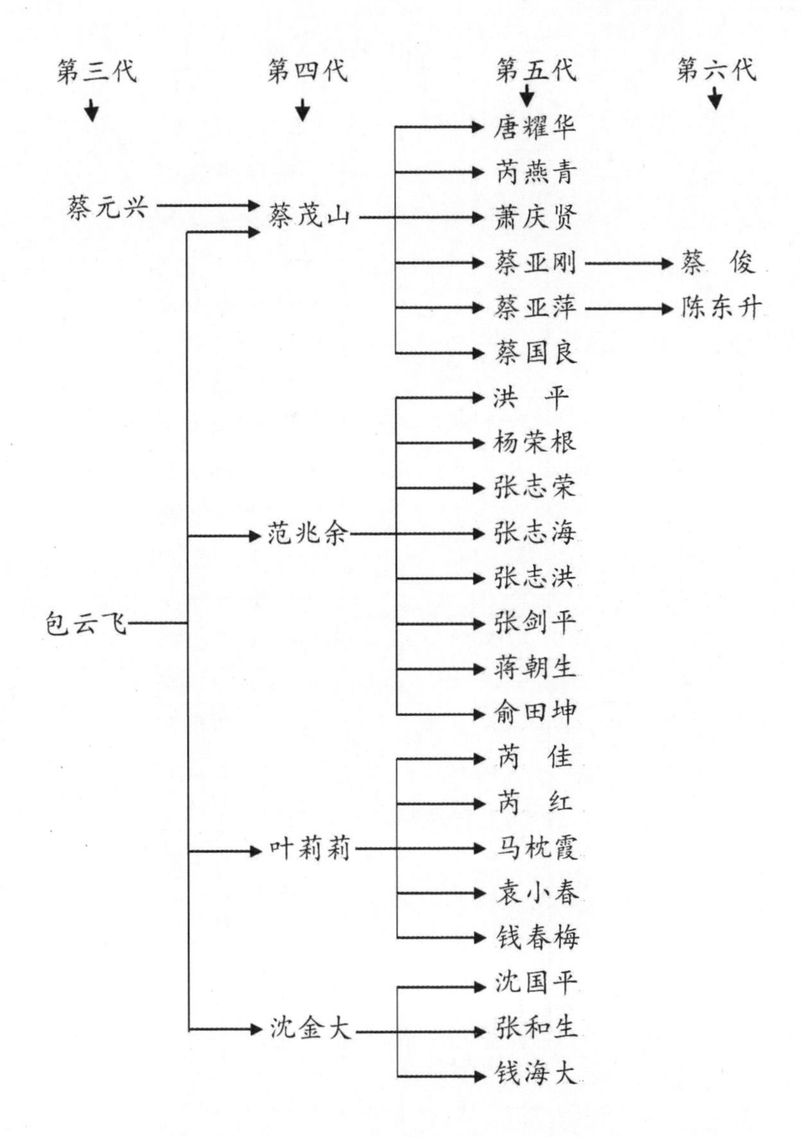

图14-5　常州小热昏包云飞传承谱系图(1)

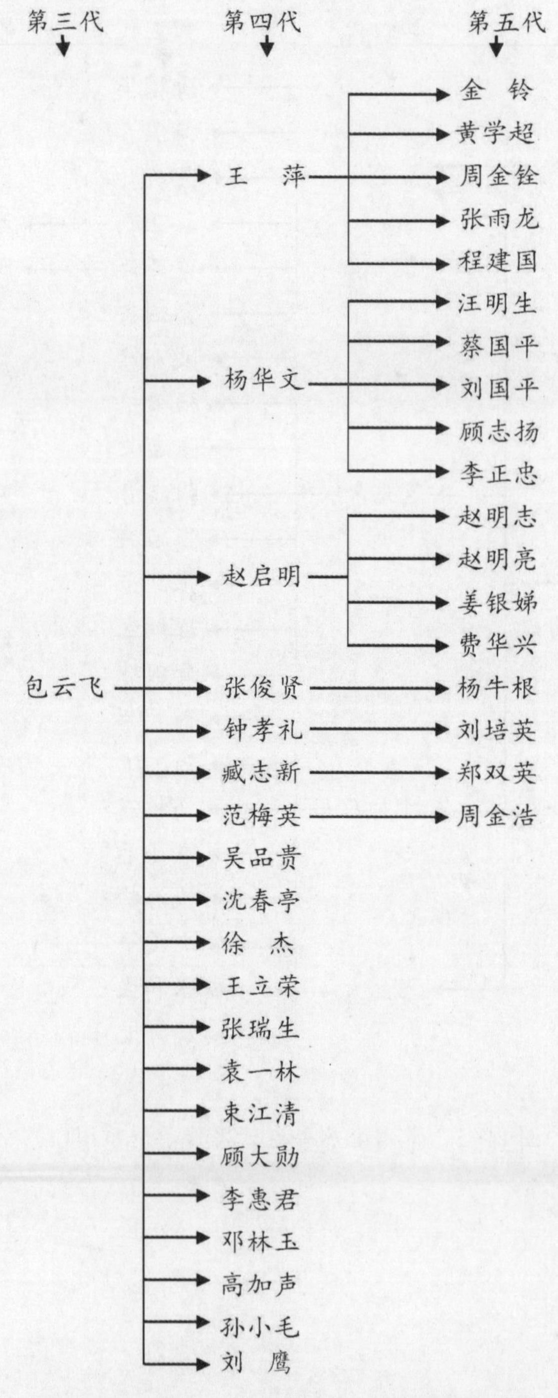

图14-6　常州小热昏包云飞传承谱系图(2)

第十五章　常州小热昏的经典曲目

第一节　常州小热昏的曲目

自20世纪20年代小热昏传入常州以来，历代常州小热昏艺人在卖糖和小热昏表演实践中，根据当时的社会状况和生活实际编创了一批优秀曲目，深受常州百姓好评。这些曲目中，有的经过历史删汰已经消失，有的随着小热昏盛衰起伏已经失传，但仍有不少曲目流传至今。

目前，笔者统计到的常州小热昏曲目多达32个，从创作时间上来分，可分为传统曲目和现代曲目，其中传统曲目有《十九路军是好汉》《八·一三》《大骂蛀米虫》《褚凤娣》《卖梨膏糖》《唱新闻》《梁山伯与祝英台》《包公打东洋》《镇压反革命》《刘胡兰》《黄继光》《一更里一张写字台》《叹五更》《十叹空》等14个，现代曲目有《水果做亲》《一条黄瓜三扁担》《除四害》《新婚姻法》《增产节约》《交通安全》《夏令卫生》《大小姑娘》《三天两头花样翻》《大补缸》《王瞎子算命》《小媳妇上坟》《懒阿嫂》《要做好青年》《歌唱BRT》《歌唱雷锋》《要做好青年》《常州是个好地方》等18个。

从内容上来分，常州小热昏可分为实事类曲目、生活类曲目和情爱类曲目，如《十九路军是好汉》《八·一三》《大骂蛀米虫》《褚凤娣》《包公打东洋》《刘胡兰》《黄继光》《歌唱BRT》等属于实事类曲目；《卖梨膏糖》《唱新闻》《一条黄瓜三扁担》《新婚姻法》《增产节约》《交通安全》《夏令卫生》《叹五更》《十叹空》《三天两头花样翻》《大补缸》《王瞎子算命》《懒阿嫂》《小媳妇上坟》《要做好青年》《歌唱雷锋》《常州是个好地方》等属于生活类曲目;《大小姑娘》《水果做亲》《梁山伯与祝英台》等则属于情爱类曲目。

由于历史原因,上述部分曲目的唱本早已遗失,已因没人知晓如何演唱而失传了。当今,常州小热昏艺人经常说唱的曲目有《卖梨膏糖》《唱新闻》《水果做亲》《叹五更》《十叹空》《大补缸》《王瞎子算命》《小媳妇上坟》《常州是个好地方》等,有时也借用上海小热昏和浙江小热昏的曲目来表演,有些还将独角戏、锡剧、滑稽戏等姊妹艺术的剧目加以改编来说唱,形式较为灵活多样。

第二节　常州小热昏的经典曲目介绍

一、传统曲目《褚凤娣》

《褚凤娣》为常州小热昏中篇曲目,是抗日战争胜利后常州小热昏艺人吴金寿根据武进实事"褚凤娣案件"编演的小热昏曲目。故事叙述民国三十五年(1946年)武进县鸣凰镇农妇褚凤娣被家婆徐氏谋害致死,褚父为女申冤,上诉武进法院。法官受贿判被告无罪,引起民众公愤,自发集结捣毁无良法院,将法院门前的"国以法治"匾额改为"国以币治",并抬着该匾额游街抗议。后来为平民愤,新四军留守处武工队将恶毒的徐氏处决,人心大快,百姓奔走相告。

吴金寿深为此案震惊,多次到鸣凰镇案发现场采访、调研,了解案件真相,收集和整理素材,编创成小热昏曲目在街头亲自表演。该曲目最初定名为《七筷命案》,后更名为《褚凤娣》。《褚凤娣》的唱段极少,重在说表,悬念迭起,细节清楚,主要内容包括《七筷命案》《崇胜寺蒸骨相验》《抬匾游行》等。武进法院被捣毁后不久,吴金寿每天都要将《褚凤娣》表演两场,白天在常州文庙表演,晚上在常州城隍庙及惠商商场表演。由于是本地事件,人人皆知,加上又揭露了当时的官场腐败,深得民心,因此,该曲目表演时场场爆满,据说单场观众的数量达500人之多,而且该曲目在常州火爆了很长一段时间。其故事情节和表现方式被后来的常州锡剧《褚凤娣》借鉴和吸收,为锡剧《褚凤娣》的创作和演出成功做了很好的铺垫。

二、传统曲目《大骂米蛀虫》

《大骂米蛀虫》为无锡、常州小热昏曲目,抗日战争期间由无锡小热昏艺人周福林编创,后传入常州,经常州小热昏艺人加工完善,在常州得以广泛流传。全曲共三段:第一段表现抗战爆发后日军占领我国大片领土,民不聊生、百姓纷纷逃难的情形;第二段讲述日寇侵略下的中国百姓生活痛苦,米行老板哄抬米价,封建官僚和无良奸商乘机大发横财,民怨沸腾;第三段控诉"米蛀虫"只顾发财,不顾百姓死活,害得平民饥寒交迫、妻离子散。

《大骂米蛀虫》采用"青年曲"(又称"醒世曲")配乐,充分发挥二胡和莲花板的作用,中间插入大段的滚板,富有变化和鼓动性。该曲目后来经过小热昏艺人的传承,一直流传到中华人民共和国成立后。该曲目以痛斥物价飞涨、民不聊生为主题,富有反抗精神,反映了普通大众的心声,深受常州、无锡百姓的喜爱。

三、传统曲目《十九路军是好汉》

《十九路军是好汉》为常州小热昏曲目,由吴金寿(常州)、钱文涛(无锡)、周福林(无锡)、陈国安(苏州)等小热昏艺人根据民国二十一年(1932年)淞沪抗战时期的新闻报道编创而成。

全曲共分五本,第一本叙述"一·二八"日本帝国主义侵略上海,十九路军在军长蔡廷锴和总指挥蒋光鼐的指挥下,在上海虹口英勇作战的故事;第二本讲述十九路军组成敢死队,身绑手榴弹滚入日军坦克下炸毁坦克的英勇事迹;第三本讲述英租界司机胡阿毛被逼迫为日军开车领路去攻打十九路军,在途经外白渡桥时,将整车武器弹药和日军驶入黄浦江而英勇牺牲的故事;第四本叙述空军飞行员梁世英、梁广才兄弟驾机轰炸日军赤云舰的故事;第五本讲述朝鲜族青年尹凤吉化装成日本军人,在集会上炸死日军官兵的英勇事迹。该曲目在揭露日军暴行的同时,着重赞颂了十九路军及上海各界民众团结一心、共同抗敌的伟大精神。

抗战期间,小热昏艺人曾将此作品在江苏各地和上海进行展演,其中尤以吴金寿的表演最精彩和深入人心。抗战胜利后,该曲目尤为流行,成了各地小热昏艺人的保留曲目。

四、传统曲目《八·一三》

《八·一三》为常州及苏南小热昏曲目,抗战爆发后,由吴金寿(常州)、钱文涛(无锡)、周福林(无锡)、陈国安(苏州)等小热昏艺人联合编创。内容讲述了民国二十六年(1937年)“八·一三”事变后,抗日将领谢晋元率八百壮士死守上海四行仓库,女游泳运动员杨秀琼冒死游过苏州河为抗日将士送国旗,以及全体将士慷慨激昂誓与日军决死一战的壮烈事迹。全曲共80余句。

《八·一三》是当时具有影响力的小热昏曲目,加上吴金寿、钱文涛等小热昏艺人的表演感情充沛、激情昂扬、语言生动、神态逼真,刻画人物贴切,往往能引起在场观众的共鸣。抗战胜利后,该曲目与《十九路军是好汉》等曲目一样,是小热昏艺人的常演和保留曲目。

五、传统曲目《水果做亲》

《水果做亲》是苏锡常地区小热昏艺人常演的传统曲目之一,具体创作人无从考证。《水果做亲》巧妙地采用比拟的手法讲述了红菱小姐和塘栖甘蔗的曲折爱情故事,批驳了恶霸橄榄光棍遭到红菱拒绝后的无耻行径,最后红菱和甘蔗终于战胜邪恶小人,成了一对幸福的恋人。

故事梗概：漂亮的红菱小姐因生病去铜盆柿烧香，遭橄榄光棍调戏，正好被帅气的塘栖甘蔗所救。红菱小姐被塘栖甘蔗的帅气和义举打动，并产生了爱慕之情。此后，红菱小姐日思夜想得了相思病，丫鬟海棠果问出真相来，便差蜜桃去替代小姐求亲。后来经过"长生哥哥来做媒""瓜子妹妹来做媒"等环节终于谈成了这门婚事，马山芋头老乡绅被请来做主婚人。接下来塘栖甘蔗要迎亲，橄榄光棍要抢婚。双方讲理讲不清，一言不合骂山门，佛手上前打一记，蟠桃面孔打得红沉沉，水蜜桃看见眼泪出，六林桃逃到宜兴城……

六、现代曲目《要做好青年》

《要做好青年》为常州小热昏现代曲目，创作者不详，以倡导年轻人为人正派、恪守孝道、勤劳节俭、爱国爱家为题材。

唱词梗概：年轻人要孝顺爹娘，爹娘从小把你养大，吃尽辛劳不容易。个别小后生，讨了老婆后只听女人的话，不顾亲爹娘做出忤逆不孝之事，跟畜生没有两样，将来养的儿女也会学你的模样。小姑娘要爱劳动、爱国家，要勤俭节约，工作要积极，为人正派。个别小姑娘喜欢赶时尚，浓妆艳抹，吃穿讲排场，想着不劳而获，一天到晚不知在外忙个啥，爹娘问问还挨个骂。姑嫂也要讲团结，不要各怀心思不信任，否则哥哥中间难做人。姑娘年纪轻，嫂嫂要照应，姑嫂要一条心，共同做事情，家和万事兴，全家才能快乐过光阴。

七、现代曲目《歌唱雷锋》

《歌唱雷锋》为常州小热昏现代曲目，创作者不详，以歌颂雷锋的先进事迹和宣传雷锋精神为主题。主要内容如下：

拉开琴，唱开场，我把革命战士雷锋唱。提起雷锋事，人人都赞扬,英勇事迹、模范行动一桩接一桩。平凡的一生不平凡,胸怀大志有理想,革命斗争里长大,从不畏惧真刚强,熔炉里炼就了纯正钢。

唱雷锋,家住安乐乡,可他世代贫苦生活难,一家五口人,父亲被日本鬼子活埋葬,哥哥死在资本家的机器旁,弟弟饿死在床上,母亲被地主侮辱把命丧,深仇大恨他永记心上。七岁的雷锋当了放牛娃,天寒地冻无处藏,为打恶狗把手伤,被地主赶出村庄到处流浪。后来逃进深山用野菜充饥,过着野孩子的生活。共产党来到雷锋家乡,救活了这个小儿郎,还免费让他进学堂。阶级仇恨使他夺过鞭子报血仇,背上红缨枪,跟着政府枪毙恶霸和地主,总算清算了血账。

小小雷锋志刚强,九年功课六年就学光,农业合作化把农民当,后又从农村来到鞍钢,开动机器做工人,多次被评为先进工作者,不久响应号召把兵当,挺起胸膛保国防。一天报纸上看到辽宁遭水灾,大雨夜晚他上战场,跳下水槽拿起铁锹战斗到天亮,铁锹断了又用手挖,十指磨破鲜血淌,轻伤不下火线,坚持战斗到天亮,这高贵的品质人人都赞扬。雷锋精神永放光芒,他是我们学习的榜样,学习他忠于党,学习他克勤克俭为人民着想,学习他做永不生锈的螺丝钉,学习他助人为乐的好思想。

附录:常州小热昏曲谱选

曲谱一:《小锣赋》

小锣赋

（《水果做亲》单篇）

1=♭A $\frac{2}{4}$

♩=120

尤茂盛 周仁娣 演唱

马珍媛 记谱

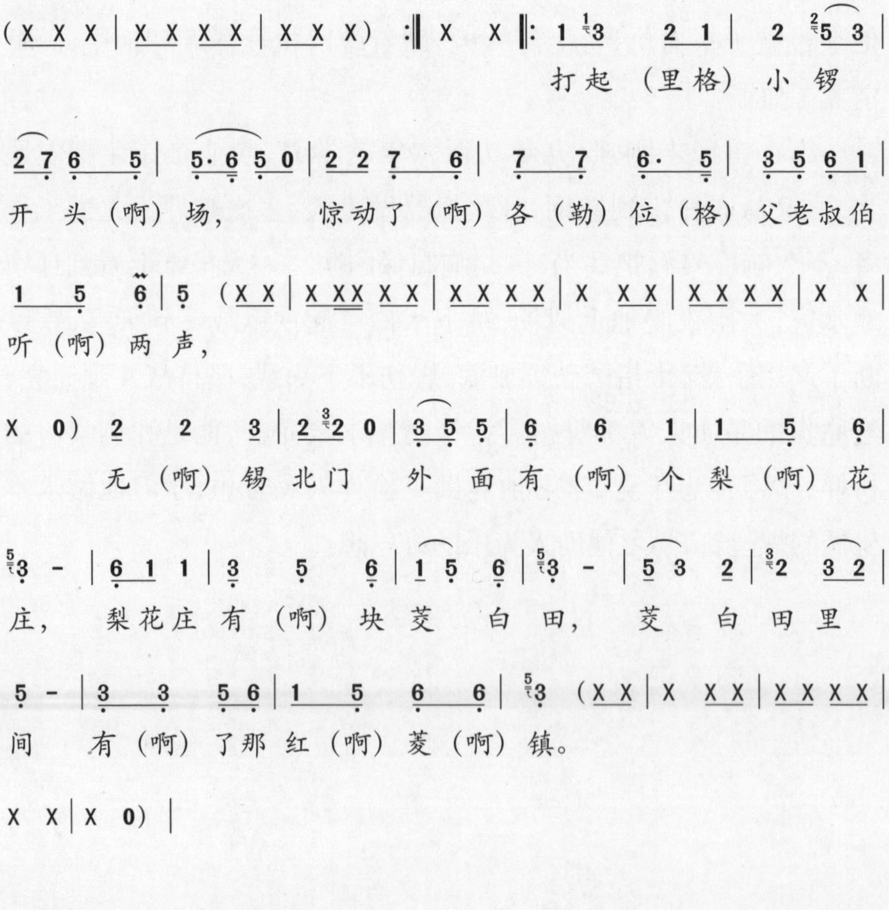

(X X X | X X X X | X X X) :‖ X X ‖: 1 3 2 1 | 2 5 3 |

打起（里格）小锣

2 7 6 5 | 5· 6 5 0 | 2 2 7 6 | 7 7 6· 5 | 3 5 6 1 |

开头（啊）场， 惊动了（啊）各（勒）位（格）父老叔伯

1 5 6 | 5 (X X | X XX X X | X X X X | X X X | X X X X | X X |

听（啊）两声，

X 0) 2 2 3 | 2 2 0 | 3 5 5 | 6 6 1 | 1 5 6 |

无（啊）锡北门 外面有（啊）个梨（啊）花

3 - | 6 1 1 | 3 5 6 | 1 5 6 | 3 - | 5 3 2 | 2 3 2 |

庄， 梨花庄有（啊）块茭 白田， 茭 白田里

5 - | 3 3 5 6 | 1 5 6 6 | 3 (X X | X X X | X X X X |

间 有（啊）了那红（啊）菱（啊）镇。

X X | X 0) |

曲谱二:《梳妆台》

梳 妆 台

（《一更里一张写字台》单篇）

1=C 2/4

♩=60

周仁娣 演唱

马珍媛 记谱

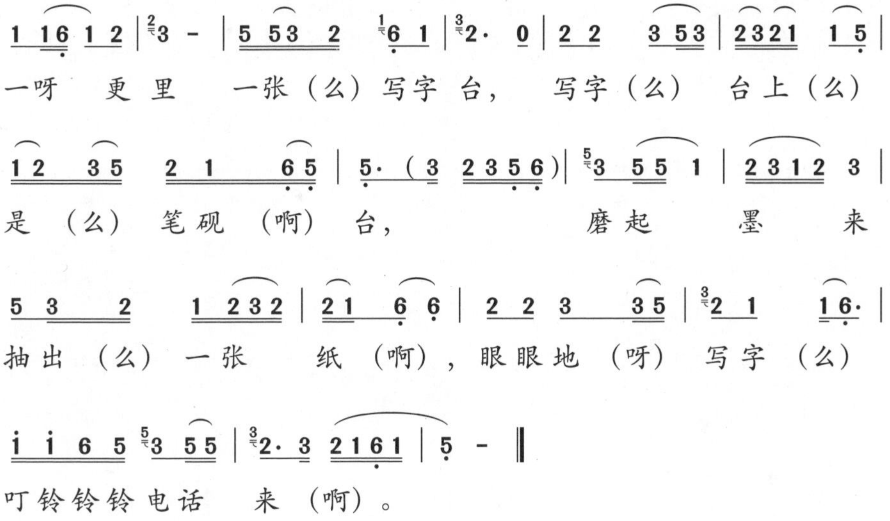

1 16 1 2 | 3 - | 5 53 2 6 1 | 2· 0 | 2 2 3 53 | 2321 1 5 |

一呀 更 里 一张（么）写 字 台， 写 字（么） 台 上（么）

12 35 2 1 6 5 | 5·（3 2 3 5 6）| 3 55 1 | 2 3 1 2 3 |

是（么）笔 砚（啊）台， 磨 起 墨 来

5 3 2 1 2 3 2 | 21 6 6 | 2 2 3 35 | 2 1 16· |

抽 出（么）一 张 纸（啊），眼 眼 地（呀）写 字（么）

i i 6 5 3 55 | 2· 3 2161 | 5 - ‖

叮 铃 铃 铃 电 话 来（啊）。

曲谱三：《锣声赋》

锣 声 赋

（基本唱腔）

1＝C $\frac{2}{4}$
♩＝120

包云飞 演唱
唐宝荣 记谱

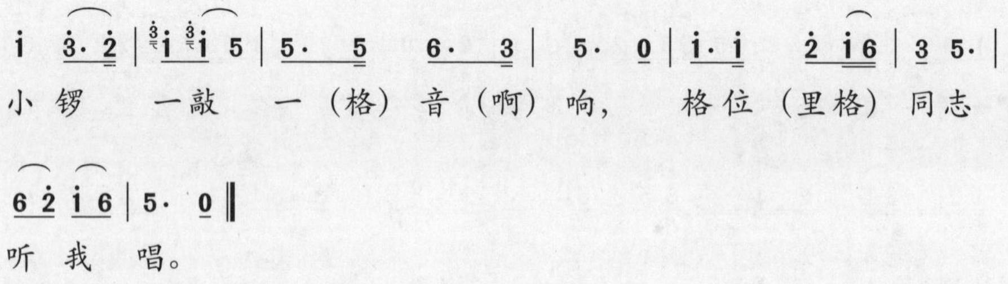

1 3· 2 | 1 1 5 | 5· 5 6· 3 | 5· 0 | 1·1 2 16 | 3 5· |

小 锣 一敲 一（格）音（啊）响， 格位（里格）同志

6 2 1 6 | 5· 0 ‖

听 我 唱。

曲谱四:《板声赋》

板 声 赋

（基本唱腔《唱新闻》单篇）

1=C $\frac{5}{4}$
♩=120

吴品贵 演唱
唐宝荣 记谱

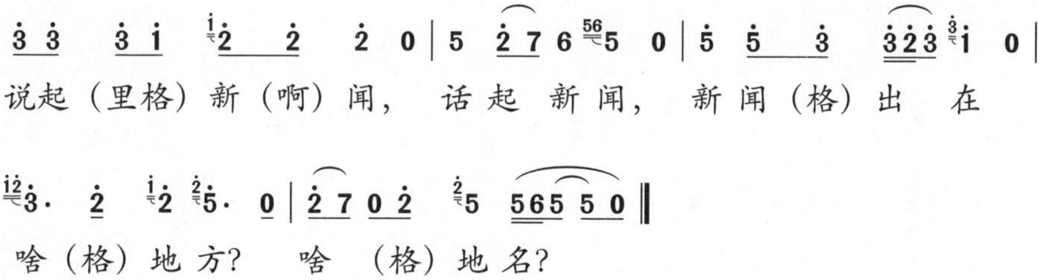

3 3　3 1　2　2　2　0 | 5　2 7 6　5　0 | 5　5　3　3 2 3　1　0 |
说起（里格）新（啊）闻，　话 起　新 闻，　新 闻（格）出　在

3·　2　2　5·　0 | 2 7　0 2　5　5 6 5　5 0 ‖
啥（格）地 方?　啥　（格）地 名?

曲谱五：《大小姑娘》

大小姑娘

（选段）

1=C $\frac{2}{4}$ $\frac{3}{4}$

♩=160

吴品贵 演唱
马珍媛 记谱

(X X X | 0 X X | 0 X X | 0 X X | 0 X X | 0 X X | 0 X X | $\frac{3}{4}$ X X 0) |

$\frac{2}{4}$ 5 5 3 2 | 1 2 3 2 | 6 0 | 2 2 2 | 2 2 2 2 | 3 5 |
说说格位 大 姑 娘， 再 唱（么）格拉（里格）小 姑

5 0 | 7 7 6 5 | 5 6 | 5 0 | 3 3 2 | 2 0 | 2 2 2 | 5 0 |
娘， 格拉（里格）小 姑 娘， 多 少 大， 多 少（格）长？

7 6 5 | 535 5 | 2 5 | 5 0 | 2 3 2 | 3 5 | 2 7 6 |
要 拿（格）尺 来（格）量 一 量。 头 上（么）量 到 脚浪

5 0 | 5 7 6 5 | 3 5 5 3 | $\frac{3}{4}$ 3 5 3 5 3 5 | $\frac{2}{4}$ 6 1 | 5· 0 | (X X X |
向， 一塌刮之 角落三门， 只有一寸（格） 两 分 长。

0 X X | 0 X X | 0 X 0 X | 0 X X | $\frac{3}{4}$ X X 0) :‖

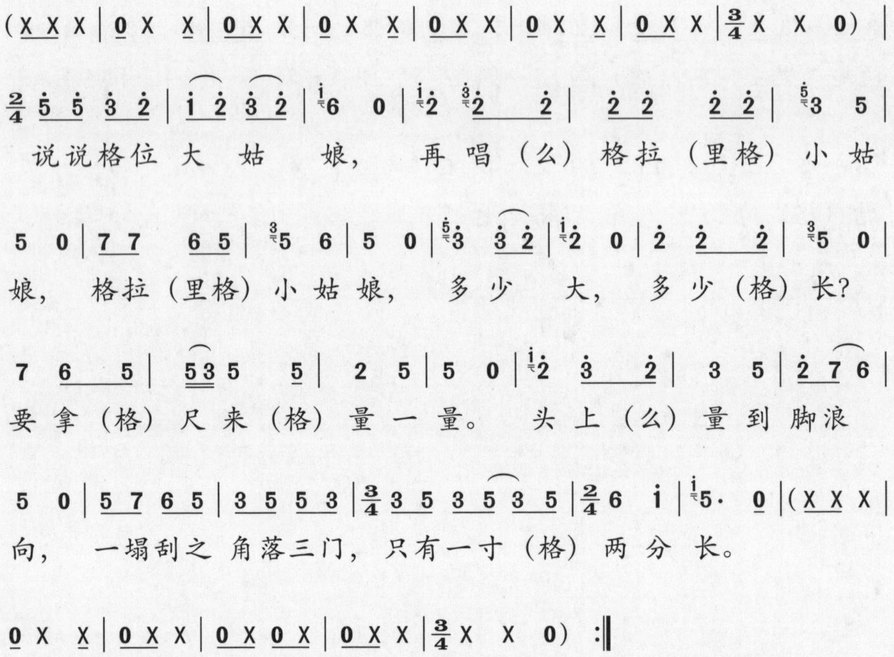

曲谱六：《梁山伯与祝英台》

梁山伯与祝英台

（选段）

1=♭B 2/4 3/4

包云飞 演唱
唐宝荣 记谱

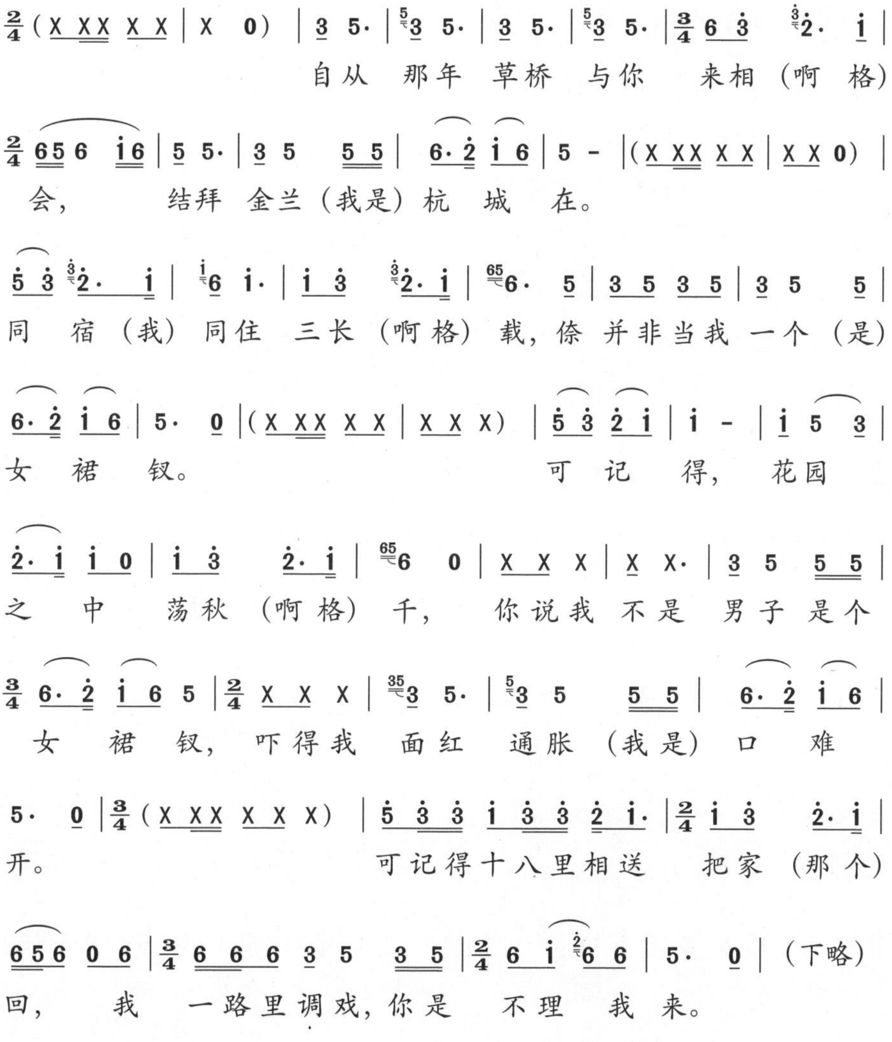

2/4 (X XX X X | X 0) | 3 5· | 3 5· | 3 5· | 3 5· | 3/4 6 3 2· 1 |
自从 那年 草桥 与你 来相（啊 格）

2/4 656 6 16 | 5 5· | 3 5 5 5 | 6· 2 1 6 | 5 - |(X XX X X | X X 0) |
会， 结拜 金兰（我是）杭 城 在。

5 3 2· 1 | 6 1· | 1 3 2· 1 | 6· 5 | 3 5 3 5 | 3 5 5 |
同 宿（我）同住 三长（啊 格）载，倷 并非当我 一个（是）

6· 2 1 6 | 5· 0 |(X XX X X | X X X) | 5 3 2 1 | 1 - | 1 5 3 |
女 裙 钗。 可 记 得， 花园

2· 1 1 0 | 1 3 2· 1 | 6 0 | X X X | X X· | 3 5 5 5 |
之 中 荡秋（啊 格） 千， 你说我 不是 男子 是个

3/4 6· 2 1 6 5 | 2/4 X X X | 3 5· | 3 5 5 5 | 6· 2 1 6 |
女 裙 钗， 吓得我 面红 通胀（我是）口 难

5· 0 | 3/4 (X XX X X X) | 5 3 3 1 3 3 2 1· | 2/4 1 3 2· 1 |
开。 可记得十八里相送 把家（那 个）

656 0 6 | 3/4 6 6 6 3 5 3 5 | 2/4 6 1 6 6 | 5· 0 |（下略）
回， 我 一路里调戏，你是 不理 我 来。

曲谱七：《吹牛山》

吹 牛 山

（选段）

1=E 2/4 3/4 4/4　　　　臧志新 演唱
♩=120　　　　唐宝荣 记谱

（甲）：刚刚是侬唱格?

（乙）：是格，是格。

（甲）：现在要阿拉来唱?

（乙）：好格，好格。

（甲）：那么，阿拉唱啥末事呢?

（乙）：唱啥末事呢?

（甲）：唱一段《吹牛山》?

（乙）：好格，好格。

（甲）：那么唱起来。

2/4 (X X X 0 | X X X 0 | X X X 0 | X X X 0 | X X X 0 |

X X X X | X X X X | X X X X | X X X X | X X X X | X X X | X· X X X |

X X X | 1/4 X | 2/4 X X X 0 | X X X 0 | X X X 0 | X X X X | X X X X |

X· X X X | 0 X X | X X | X 0) | 4/4 4 6 5 5 5· | 2/4 0 3 1 |

小 锣 一敲 （那么）

4/4 2 ²3 2 1 1 0 | 2/4 0 0 | 4/4 i i 6 5 4 5 5 | 3/4 0 0 3 2 |

刹浪 浪， 格位（里格）同 志 听我

5/4 1 2 1 1 0 0 | 4/4 i 6 5 ⁵1 0 | 2/4 0 2 1 | 4/4 2· 1 1 0 | 6· 1 1 0 |

唱两 声， 今朝 头， 阿拉 东勿唱 南勿唱，

i 6 5 5 0 | 2 3 2 1 1 0 | 2· 3 2 1 1 1 2 1 ²1 |

西 勿唱， 北勿（里格）唱； 左勿唱（来么）右勿唱，

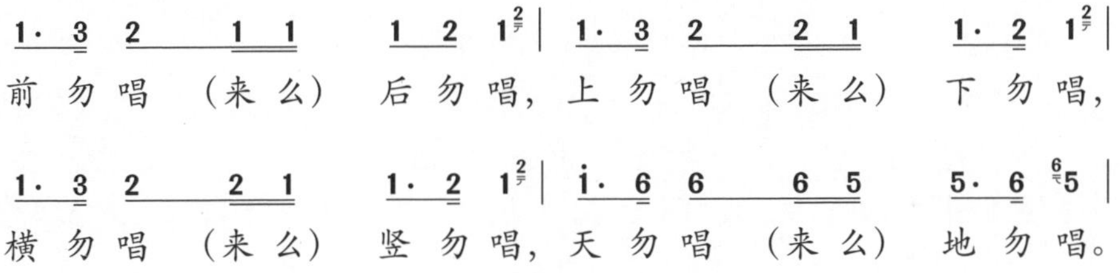

1· 3 2 1 1 1 2 1 | 1· 3 2 2 1 1· 2 1 |
前勿唱（来么）后勿唱，上勿唱（来么）下勿唱，

1· 3 2 2 1 1· 2 1 | i· 6 6 6 5 5· 6 5 |
横勿唱（来么）竖勿唱，天勿唱（来么）地勿唱。

（乙）：嘿！

（甲）：啥事体呐？

（乙）：到底唱点啥？

（甲）：侬勿要急呐。

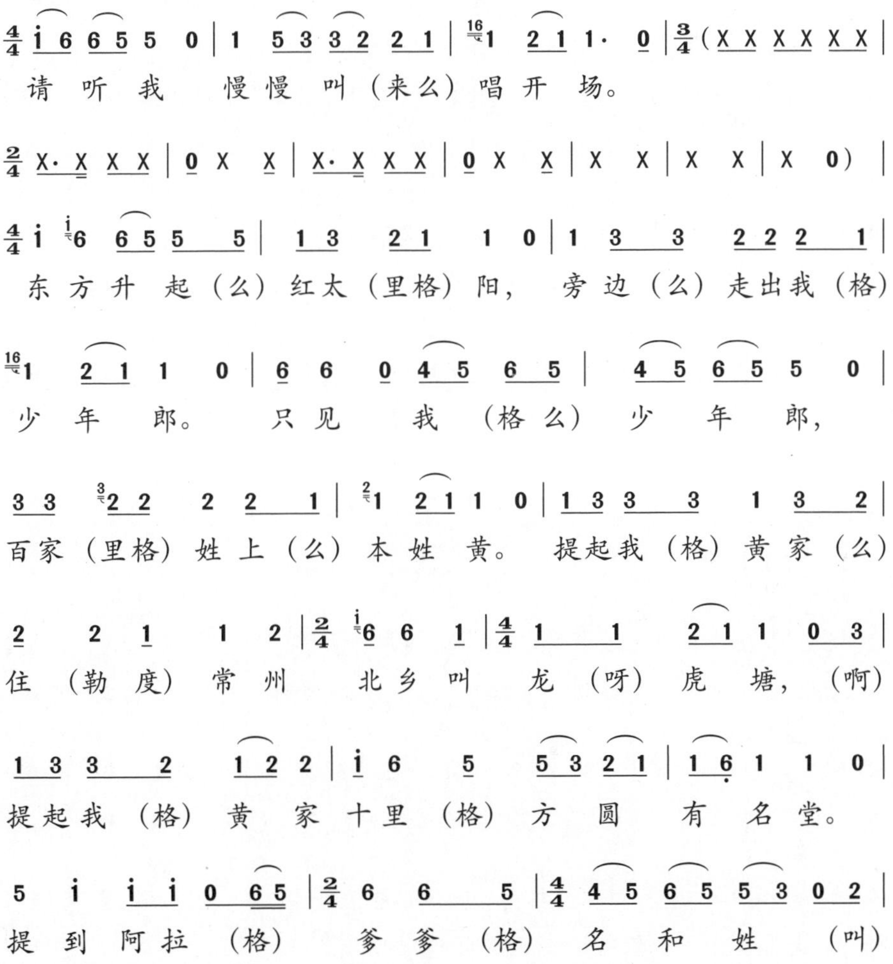

4/4 i 6 6 5 5 0 | 1 5 3 3 2 2 1 | 1 2 1 1· 0 | 3/4 (X X X X X X |
请听我 慢慢叫（来么）唱开场。

2/4 X· X X X | 0 X X | X· X X X | 0 X X | X X | X X | X 0) |

4/4 i 6 6 5 5 5 | 1 3 2 1 1 0 | 1 3 3 2 2 2 1 |
东方升起（么）红太（里格）阳，旁边（么）走出我（格）

1 2 1 1 0 | 6 6 0 4 5 6 5 | 4 5 6 5 5 0 |
少年郎。只见我（格么）少年郎，

3 3 2 2 2 2 1 | 1 2 1 1 0 | 1 3 3 3 1 3 2 |
百家（里格）姓上（么）本姓黄。提起我（格）黄家（么）

2 2 1 1 2 | 2/4 6 6 1 | 4/4 1 1 2 1 1 0 3 |
住（勒度）常州北乡叫龙（呀）虎塘，（啊）

1 3 3 2 1 2 2 | i 6 5 5 3 2 1 | 1 6 1 1 0 |
提起我（格）黄家十里（格）方圆有名堂。

5 i i i 0 6 5 | 2/4 6 6 5 | 4/4 4 5 6 5 5 3 0 2 |
提到阿拉（格）爹爹（格）名和姓（叫）

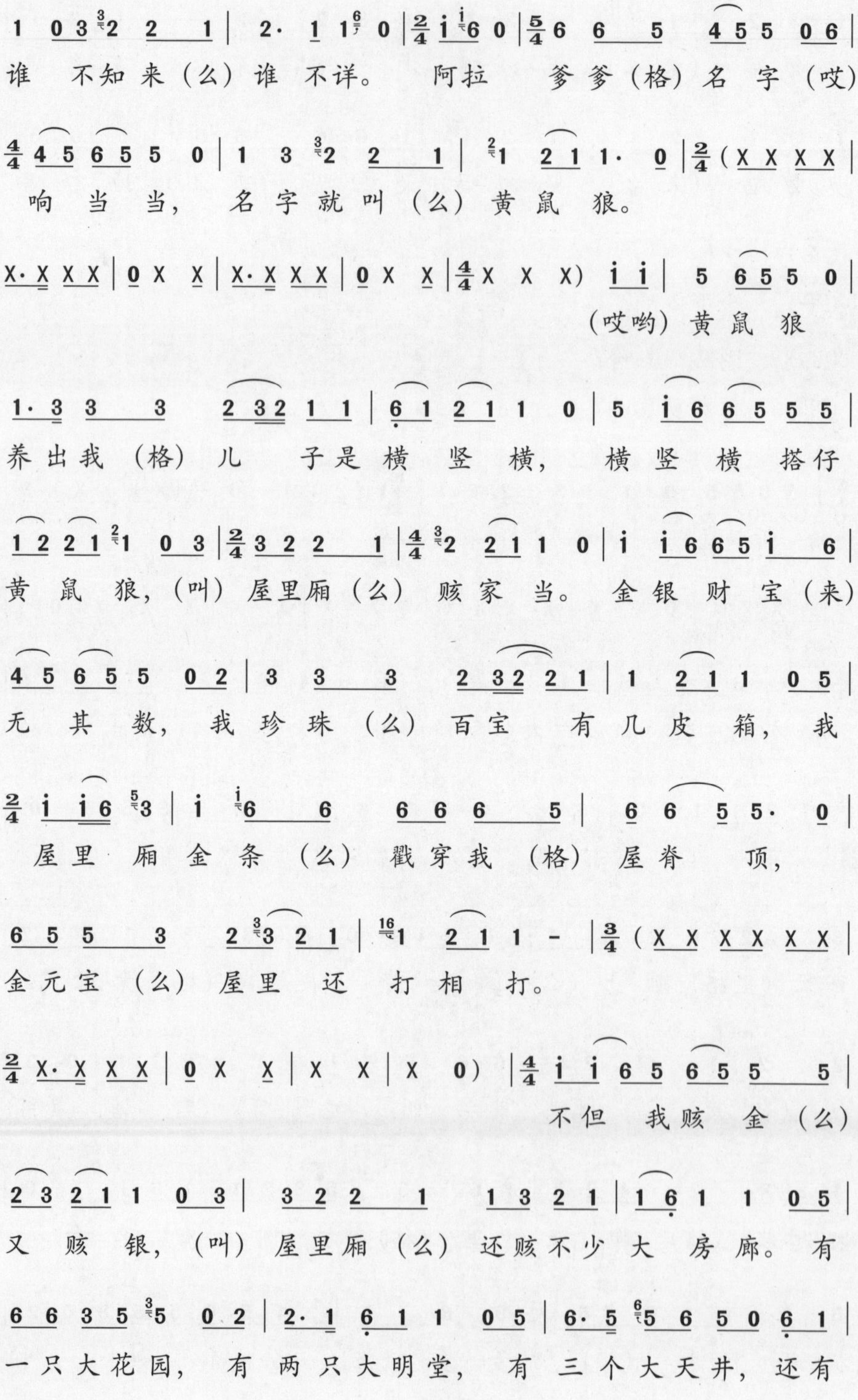

1 0 3 2 2 1 | 2· 1 1 0 | 2/4 i 6 0 | 5/4 6 6 5 4 5 5 0 6 |

谁 不知来（么）谁 不详。 阿拉 爹爹（格）名 字（哎）

4/4 4 5 6 5 5 0 | 1 3 2 2 1 | 1 2 1 1· 0 | 2/4 (X X X X |

响 当 当， 名 字 就 叫（么）黄 鼠 狼。

X· X X X | 0 X X | X· X X X | 0 X X | 4/4 X X X) i i | 5 6 5 5 0 |

（哎哟）黄 鼠 狼

1· 3 3 3 2 3 2 1 1 | 6 1 2 1 1 0 | 5 i 6 6 5 5 5 |

养出我（格）儿 子是横 竖 横， 横 竖 横 搭仔

1 2 2 1 1 0 3 | 2/4 3 2 2 1 | 4/4 2 2 1 1 0 | i i 6 6 5 i 6 |

黄 鼠 狼，（叫）屋里厢（么） 赅家 当。 金银 财 宝（来）

4 5 6 5 5 0 2 | 3 3 3 2 3 2 2 1 | 1 2 1 1 0 5 |

无 其 数， 我珍珠（么）百宝 有几皮 箱， 我

2/4 i i 6 3 | i 6 6 6 6 6 5 | 6 6 5 5· 0 |

屋里 厢金条（么）戳穿我（格）屋脊 顶，

6 5 5 3 2 3 2 1 | 1 2 1 1 - | 3/4 (X X X X X X |

金元宝（么） 屋里 还 打相 打。

2/4 X· X X X | 0 X X | X X | X 0) | 4/4 i i 6 5 6 5 5 5 |

不但 我赅 金（么）

2 3 2 1 1 0 3 | 3 2 2 1 1 3 2 1 | 1 6 1 1 0 5 |

又 赅 银，（叫）屋里厢（么）还赅不少大 房廊。有

6 6 3 5 5 0 2 | 2· 1 6 1 1 0 5 | 6· 5 5 6 5 0 6 1 |

一只大花园， 有 两只大明堂， 有 三个大天井，还有

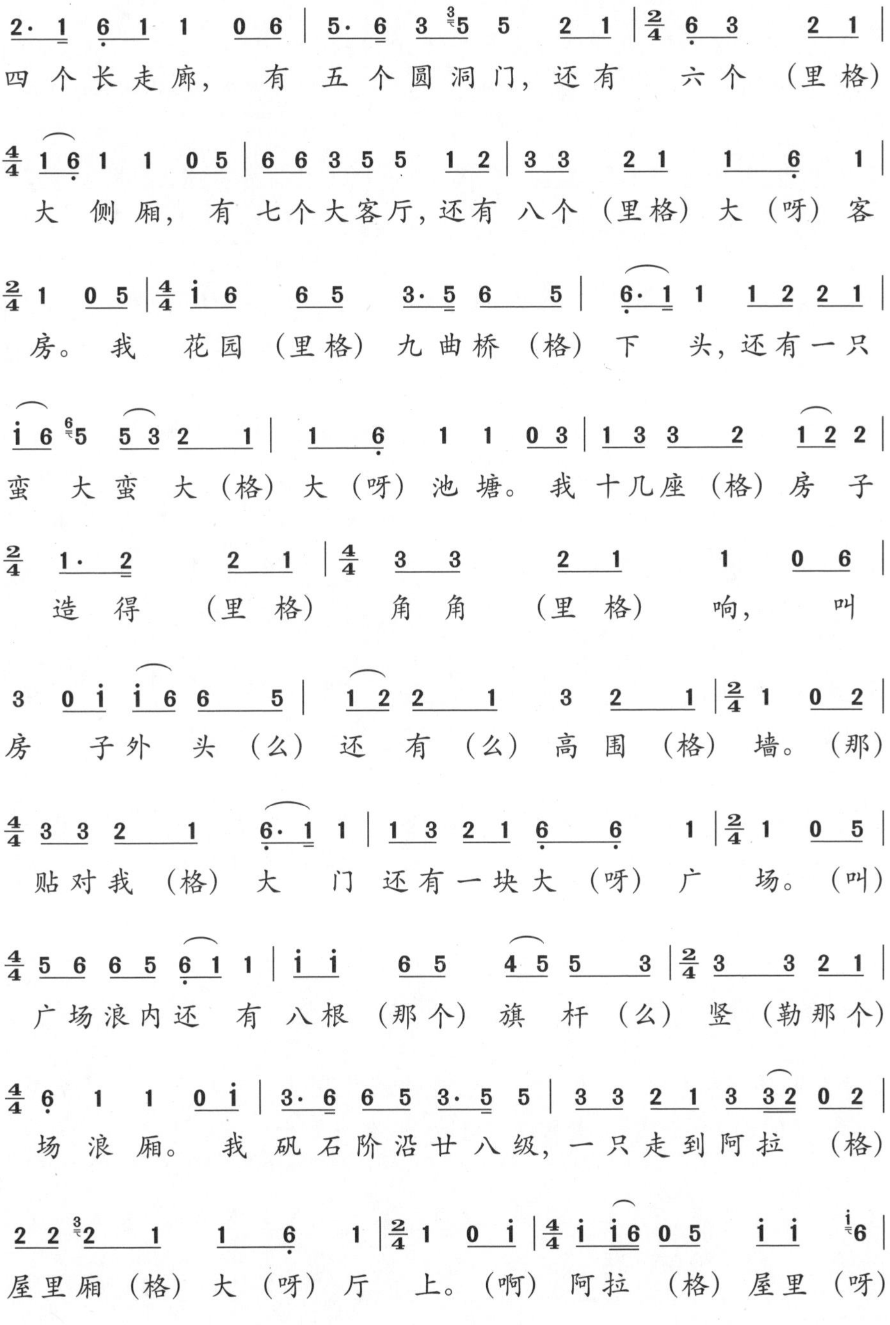

2· 1 6 1 1 0 6 | 5· 6 3 5 5 2 1 | 2/4 6 3 2 1 |
四个长走廊, 有五个圆洞门, 还有 六个 (里格)

4/4 1 6 1 1 0 5 | 6 6 3 5 5 1 2 | 3 3 2 1 1 6 1 |
大侧厢, 有七个大客厅, 还有八个 (里格) 大 (呀) 客

2/4 1 0 5 | 4/4 i 6 6 5 3· 5 6 5 | 6· 1 1 1 2 2 1 |
房。我 花园 (里格) 九曲桥 (格) 下 头, 还有一只

i 6 5 5 3 2 1 | 1 6 1 1 0 3 | 1 3 3 2 1 2 2 |
蛮 大蛮 大 (格) 大 (呀) 池 塘。我十几座 (格) 房 子

2/4 1· 2 2 1 | 4/4 3 3 2 1 1 0 6 |
造 得 (里 格) 角 角 (里 格) 响, 叫

3 0 i i 6 6 5 | 1 2 2 1 3 2 1 | 2/4 1 0 2 |
房 子外 头 (么) 还 有 (么) 高 围 (格) 墙。(那)

4/4 3 3 2 1 6· 1 1 | 1 3 2 1 6 6 1 | 2/4 1 0 5 |
贴对我 (格) 大 门 还有一块大 (呀) 广 场。(叫)

4/4 5 6 6 5 6 1 1 | i i 6 5 4 5 5 3 | 2/4 3 3 2 1 |
广场浪内还 有 八根 (那个) 旗 杆 (么) 竖 (勒那个)

4/4 6 1 1 0 i | 3· 6 6 5 3· 5 5 | 3 3 2 1 3 3 2 0 2 |
场 浪 厢。我砌石阶沿廿八级, 一只走到阿拉 (格)

2 2 2 1 1 6 1 | 2/4 1 0 i | 4/4 i i 6 0 5 i i 6 |
屋里厢 (格) 大 (呀) 厅 上。(啊) 阿拉 (格) 屋里 (呀)

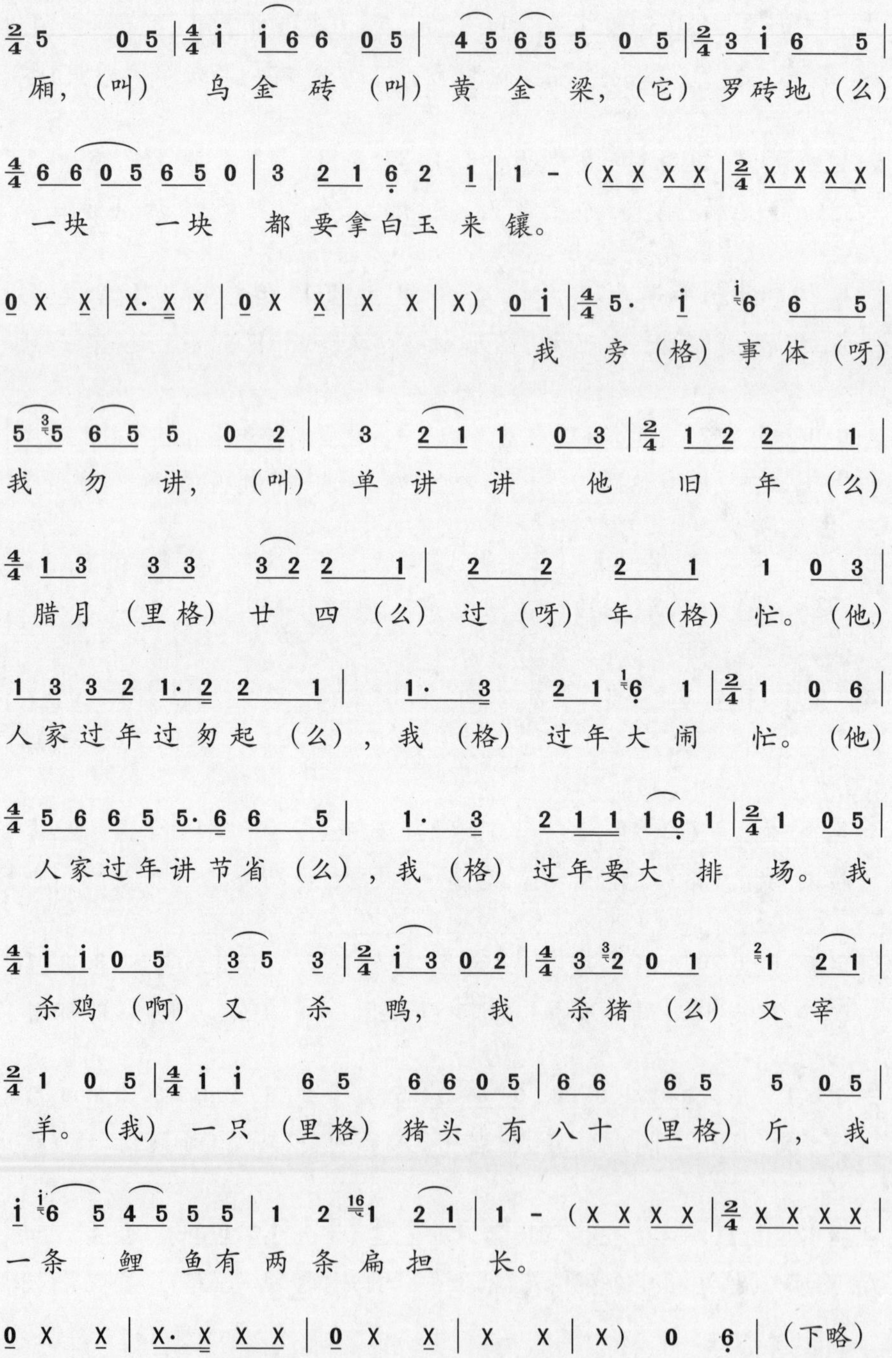

2/4 5 0 5 | 4/4 i i 6 6 0 5 | 4 5 6 5 5 0 5 | 2/4 3 i 6 5 |
厢，（叫） 乌金砖（叫）黄金梁，（它）罗砖地（么）

4/4 6 6 0 5 6 5 6 5 0 | 3 2 1 6 2 1 | 1 – （X X X X | 2/4 X X X X |
一块 一块 都要拿白玉来镶。

0 X X | X· X X | 0 X X | X X | X） 0 i | 4/4 5· i 6 6 5 |
我 勿旁（格）事体（呀）

5 5 6 5 5 0 2 | 3 2 1 1 0 3 | 2/4 1 2 2 1 |
我 勿 讲，（叫） 单讲讲 他 旧 年（么）

4/4 1 3 3 3 3 2 2 1 | 2 2 2 1 1 0 3 |
腊月（里格）廿 四（么）过（呀）年（格）忙。（他）

1 3 3 2 1· 2 2 1 | 1· 3 2 1 6 1 | 2/4 1 0 6 |
人家过年过勿起（么），我（格）过年大闹 忙。（他）

4/4 5 6 6 5 5· 6 6 5 | 1· 3 2 1 1 1 6 1 | 2/4 1 0 5 |
人家过年讲节省（么），我（格）过年要大 排 场。我

4/4 i i 0 5 3 5 3 | 2/4 i 3 0 2 | 4/4 3 2 0 1 1 2 1 |
杀鸡（啊）又 杀 鸭， 我 杀猪（么）又宰

2/4 1 0 5 | 4/4 i i 6 5 6 6 0 5 | 6 6 6 5 5 0 5 |
羊。（我）一只（里格）猪头 有八十（里格）斤，我

i 6 5 4 5 5 5 | 1 2 1 2 1 | 1 – （X X X X | 2/4 X X X X |
一条 鲤 鱼有两条扁担 长。

0 X X | X· X X X | 0 X X | X X | X） 0 6 |（下略）

参考文献

[1] 中国曲艺志全国编辑委员会,《中国曲艺志·江苏卷》编辑委员会.中国曲艺志·江苏卷[M].北京:中国ISBN中心,1996.

[2] 《中国曲艺音乐集成》全国编辑委员会,《中国曲艺音乐集成·江苏卷》编辑委员会.中国曲艺音乐集成·江苏卷(上、下卷)[M].北京:中国ISBN中心,1994.

[3] 中国曲艺志全国编辑委员会,《中国曲艺志·浙江卷》编辑委员会,中国曲艺志·浙江卷[M].北京:中国ISBN中心,2009.

[4] 中国曲艺志全国编辑委员会,《中国曲艺志·上海卷》编辑委员会,中国曲艺志·上海卷[M].北京:中国ISBN中心,2007.

[5] 冯光钰,李明正,周来达.曲艺音乐[M].北京:人民音乐出版社,2009.

[6] 包澄絜.清代曲艺史[M].北京:学苑出版社,2014.

[7] 倪钟之.中国曲艺史[M].沈阳:春风文艺出版社,1991.

[8] 言禹墨.常州曲艺史[M].南京:江苏凤凰文艺出版社,2017.

[9] 胡学琦.常州国家级非物质文化遗产概览[M].南京:凤凰出版社,2012.

[10] 许建荣,沈红球.常州市非物质文化遗产集萃[M].南京:南京大学出版社,2011.

[11] 吴伯瑜,钱泳林.常州文化志[M].北京:中央文献出版社,1999.

[12] 刘兴尧,丁杰.常州民俗与戏曲[M].南京:南京大学出版社,2012.

[13] 夏芦庆.毗陵曲坛掇录[M].北京:中国戏剧出版社,1995.

[14] 张芸芝.龙城曲韵[M].南京:南京大学出版社,2011.

[15] 王援.常州风物[M].珠海:珠海出版社,2010.

[16] 王玉明.杭州小热昏[M].杭州:浙江摄影出版社,2009.

[17] 阴岭山.民间艺韵:当代无锡民间文艺家传略[M].南京:凤凰出版社,2009.

[18] 苏州大学非物质文化遗产研究中心.东吴文化遗产(第二辑)[M].上海:上海三联书店,2008.

[19] 中国音乐家协会江苏分会筹委会.江苏民间音乐选集[M].南京:江苏文艺出版社,1959.

[20] 江苏省音乐工作组.江苏南部民间戏曲说唱音乐集[M].北京:音乐出版社,1955.

[21] 俞成伟.民间艺术“小热昏”盛衰[A]//林克.上海研究论丛(第十七辑)[C].上海:上海人民出版社,2006:136-150.

[22] 薛理勇.老上海邑庙城隍[M].上海:上海书店出版社,2015.

[23] 沈嘉禄.小热昏唱卖梨膏糖[J].上海戏剧,2007(11):37-40.

[24] 李燕.“杭州小热昏”的历史、现状与振兴对策[J].大众文艺,2010(23):106-107.

[25] 程勉中.梨膏糖与“小热昏”说唱艺术流变述略[J].戏文, 1997(6):39-40.

[26] 魏勤,杜亚雄.杭州“小热昏”初探[J].文化艺术研究,2009(1):130-137.

[27] 张彤,王卫红.地方戏要发展语言是道“关”[J].戏剧丛刊,2006(5):51-52.

[28] 徐桂兰.戏曲危机原因初探[J].戏剧丛刊,2006(1):47-48.

[29] 王金萍.兰陵兰韵——常州地方曲艺观感[J].华北煤炭医学院学报,2011(2):272-273.

[30] 徐筱安,朱贺镭.放大独脚戏——论杭州小热昏和南方滑稽戏的渊源[J].曲艺,2016(12):51-53.

[31] 金红.苏州文艺类非物质文化遗产传承与发展调查研究——以昆曲、苏剧等项目为例[J].苏州科技学院学报(社会科学版),2012(5):52-57.

[32] 赖群元,张秋芳,王小萍.常州梨膏糖细菌指标探讨[J].中国卫生检验杂志,1994(6):379-380.

[33] 何雪白.小热昏与梨膏糖[N].无锡新周刊,2010-12-03(A06).

[34] 张一农.小热昏卖梨膏糖[N].常州日报,2009-06-16(B03).

[35] 佚名.梨膏糖,吃出健康和甜蜜 [N].常州日报,2019-03-07(B02).

[36] 刘力.蔡氏梨膏糖是怎样炼成的?[N].常州晚报,2011-09-27(A10).

[37] 常州市文化馆.常州举办江浙沪三地小热昏精品剧目展演[EB/OL].[2019-10-21]. https://www.sohu.com/a/348480969_777333.

[38] 中国常州网.惊艳亮相！常州小热昏荣登全国非遗曲艺周舞台[EB/OL].[2018-6-12].http://news.jstv.com/a/20180612/1528845970316.shtml.

后　记

《常州梨膏糖与小热昏》一书终于付梓了，作为笔者的我们如释重负。

由于可供参考的资料稀缺，调研做得不够扎实，加上出稿的时间紧迫，本书在撰稿的过程中，笔者深深地感受到写作的难度与压力，常常出现不知如何下笔的情况。因此，《常州梨膏糖与小热昏》一书还存在着诸多不足和遗憾：结构欠完善，内容欠充实，篇幅欠饱满，甚至某些地方可能还存在错误，等等，这些问题待再版时我们将进行修正和完善，敬请读者谅解和指正。

在编撰本书的过程中，我们得到了常州市文化广电和旅游局非物质文化遗产处、常州市文化馆、常州市非物质文化遗产保护中心、常州市新北区教育局、常州市新北区文化体育和旅游管理服务中心、常州日报、常州晚报、常州工学院师范学院、常州市新北区飞龙中学等单位和部门的大力支持，在此深表感谢！特别要感谢常州市新北区文化体育和旅游管理服务中心在经费上的扶持！同时要感谢常州市文化广电和旅游局非物质文化遗产处处长、常州市文化馆馆长沈红球先生的大力支持！感谢常州梨膏糖制作技艺省级传承人、常州小热昏国家级代表性传承人叶莉莉老师的全程指导！感谢常州报业传媒集团的严旭平老师和苏州大学出版社王亮老师的辛勤付出。给予我们帮助的个人还有很多，分列如下，一并致谢！

文化教育部门领导：沈红球、时立群、杨杰、戚宇凡、肖华、王瑛、张建东、朱晓新、汪军、徐锋。

常州梨膏糖传承人：叶莉莉、洪平、蔡亚刚、蔡亚萍、杨牛根。

常州小热昏传承人：叶莉莉、蔡亚刚、马枕霞、袁小春、魏国庆。

严怀虎　刘廷新

2021年8月于常州